한 달의 요코하마

한 달의
요코하마

나의 아름다운 도시는
언제나 블루

고나현 지음

세나북스

프롤로그

"작가님, 일본에서 한 달 살기 해보고 책 내지 않으실래요?"

어느 날, 세나북스 대표님이 이렇게 말씀하셨다. 그리고 정확히 그다음 날 나는 지인들에게 줄 선물로 가마쿠라의 명물 과자 비둘기 사블레를 사 올지, 요코하마의 명물 빨간 구두 초콜릿을 사 올지, 도쿄의 명물 도쿄 바나나를 사 올지 고민하고 있었다. 어마어마한 설레발이었다.

갈 지역이 정해져 있기에 가능한 일이었다. 내 마음은 이미 한 곳을 가리키고 있었다. 요코하마! 요코하마는 내 덕질의 근원이자 과장을 조금 보태서 나를 다시 태어나게 한 곳이다. 나의 인생 게임 '금색의 코르다' 시리즈의 메인 배경이 바로 요코하마이기 때문이다.

음악을 소재로 한 2D 연애 시뮬레이션 게임 금색의 코르다의 '선배 캐릭터'에게 제대로 낚여버린 나는 고등학생 때 히라가나, 가타카나 쓰기를 시작으로 부지런히 일본어를 공부했고, 그 실력을 살려 지금은 일본어 번역가로 일하고 있다. 나를 낳은 것은 우리 부모님이지만 나를 오타쿠로 키운 것은 금색의 코르다였다.

20대 때의 나는 매년 12월 12일이 되면 고기를 사서 돈가스를 만든 뒤, 샌드위치를 만들어 먹고는 했다. 게임 이벤트에 나오는 돈가스 샌드위치를 만들어 최애의 생일을 축하하기 위한 것이었다. 자기 생일은 종종 까먹는 주제에 말이다. 그러나 부모님조차 정체를 몰랐던 이 황당무계한 의식은 최종적으로 먹는 사람(= 나)이 늙는 동시에 위장이 안 좋아지면서 어느새 조용히 자취를 감추었다.

그래, 나는… 늙었다! 이런 기회는 다시 오지 않는다!! 좋은 기회였기에 거절이란 말은 생각조차 하지 않았다. 게임이 좋아서 게임 회사에서 일했고 책이 좋아서 서점에서 일했고 번역하는 게 좋아서 번역가가 되었고 글 쓰는 게 좋아서 글을 쓰기 시작했다. 정말 내키는 대로 살아온 인생이다. 거기에 다소 정신없는 우당탕탕 한 달 살기가 더해진다? 생각만으로도 설렌다. 그것도 내가 정말 사랑하는 요코하마에서 말이다!

요코하마를 그렇게 좋아하면 이미 다 가보고 잘 알고 있지 않겠냐 싶을 텐데, 실제로 이미 성지순례를 최소 10번은 돈 이 판의 고인물이다. 여기서 성지순례란 게임의 모델이 된 배경을 실제로 방문함을 의미한다.

몇 년 전에 X(구 트위터) 지인분이 성지순례를 검색했더니 내 블로그만 나온다고 해서 정말 입술을 꽉 깨물었던 기억이 난다. 그렇게 잘 알고 좋아하는 요코하마지만 아쉽게도 2018년 이후로는 찾지 못했다. 그렇다, 많은 사람을 괴롭힌 코로나바이러스로 인해 나도 사랑하는 요코하마를 몇 년간 찾지 못했다. 분명 변한 게 있을 것이고 변하지 않은 것도 있을 테지.

나는 일본 워킹홀리데이를 계기로 번역가로 전업했고 친구에게 다이어리를 선물 받으며 그때부터 다이어리를 열심히 작성하기 시작했다. 한참 요코하마를 훑고 다니던 건 워킹홀리데이 시기였는데 그때의 나는 일이 없는 가난한 번역가라서 시간이 남아돌기에 다이어리에 뭔가를 열심히 쓰기가 가능했다. 당시 다이어리에 적은 것은 늘 어디를 보고 오자, 무엇을 하고 오자 같은 내용의 어떠한 '기대'에 대한 글이었다.

8년 차 번역가가 된 지금, 내 다이어리에는 빼곡히 오늘 할 일이 적힌다. 시간이 많이 지나 어느새 다이어리에는 '내가 얼마나 일을 하는지' 기록한 내용으로 가득해서 약간 씁쓸하기도 하다.

이런 나의 다이어리에 '새로운 기대'에 대한 내용이 많아지기를 바라며 떠난 여행에서 참 많은 것을 얻었다. 좋은 인연을 만났으며 그를 통해 요코하마가 얼마나 따뜻하고 좋은 곳인지 다시 느꼈다. 일부 일을 한 달가량 쉬면서 다이어리에 새로운 기대를 마음껏 적을 수 있었으며 그 덕에 다시 살아갈 힘을 얻었다. 이번 여행으로 요코하마의 새로운 명소를 알 수도 있었다. 내가 다시 한번 요코하마와 사랑에 빠진 것처럼 독자님들도 이 책을 통해 요코하마의 매력에 퐁당 빠져 주셨으면 한다.

2023년 겨울

고나현 드림

* 실제 여행 기간은 2023년 9월 22일~10월 21일로 총 30일입니다

Contents

아름다운 도시 요코하마를

우리 함께 여행해 볼까요?

1장

요코하마 한 달 살기 준비
시작!

시작은 창대하리라
- 장소, 시기, 숙소 정하기와 환전

한 달 살기 제안은 번역가 생활을 바탕으로 한 에세이이자 세 번째 책 (단독 저자로는 첫 번째 책이다) 『말할 수 없지만 번역하고 있어요』를 기획 중인 2022년 하반기쯤에 받았다.

"일본 한 달 살기로 가고 싶은 지역 있으실까요?"
"요코하마 같은 곳은 어떠세요?"
이때, 세나북스 대표님은 나를 보고 이렇게 말씀하셨다.
"작가님, 그 말씀 하시면서 갑자기 눈빛이 달라졌어요!"

역시 최애 게임이라고 할 만큼 좋아하는 게임의 배경이 된 곳이어서 그런지 '요코하마' 하면 자다가도 벌떡 일어날 만큼 요코하마를 사랑한다. 한 달 살기를 한다면 요코하마 말고는 없다고 생각했다. 거절하겠다는 생각은 정말 1분 1초도 하지 않았다.

나중에 든 생각이지만 인근에 있는 도쿄로 하기에는 이미 세나북스에서 나온 오다윤 작가님의 책『도쿄의 하늘은 하얗다』가 있기에 많은 부분이 겹칠 수 있기도 했다. 요코하마 말고 전에 가보고 꽤 좋은 인상을 갖게 된 나고야도 후보에 올랐으나 최종적으로 뚝심 있게 요코하마로 정하게 되었다. 2018년 이후로 통 가 보지 못했다는 아쉬움도 있고 요코하마 주변은 가마쿠라, 에노시마, 도쿄 등 가 볼 만한 곳이 많아서 이야기가 다채로워질 것으로 예상했다. 그리고 늘 요코하마는 도쿄 여행서에 조그맣게 다뤄지는 게 불만이었다. 요코하마가 얼마나 좋은 곳인데!

갈 시기를 정해야 했는데 이게 문제였다. 봄의 요코하마는 꽃이 화사해서 예쁘고 여름의 요코하마는 개항제를 비롯한 많은 축제가 열리고, 가을에는 재즈가 흐르며, 겨울에는 조명이 아름다운 아카렌가소코(붉은 벽돌 창고라는 뜻으로 요코하마의 관광명소이며 쇼핑, 식사, 이벤트 등을 즐길 수 있다)를 볼 수 있다.

요코하마의 사계절을 모두 사랑하기에 하나를 고를 수가 없었다. 잘 차려진 식탁 앞에서 뭐부터 먹어야 할지 머리를 긁적이는 그런 기분이었다. 수없이 고민한 끝에 여름에 가기로 했는데 그 이유는 여름 축제에 참석하면 이야깃거리가 생길 것 같았기 때문이다. 실제로 6~8월에는 요코하마에서 많은 행사가 열리는데 요코하마의 대표적인 축제이자 개항을 기리는 개항제는 6월 2일로 한여름이 아닌 비교적 이른 시기에 열린다. 개항제를 보러 6월 초에 갈 것이냐, 개항제를 버리고 다른 계절에 갈 것이냐. 또다시 선택의 갈림길에 섰다.

그렇게 고민하다가 시간은 빠르게 흘러서 잠시 눈을 비비고 달력을 보니 이미 3월 말이 되어 있었다. 직업이 번역가다 보니 한 달 살기 관련 정보를 틈틈이 알아보기는 했지만 밀려드는 마감에 한동안 정신을 차릴 수가 없어서 제대로 미리 준비하지 못했다. 그냥 여행도 아닌 한 달 살기를 6월에 시작하기에는 이미 너무 늦은 시기가 되어 있었다. 대차게 '망했다'라는 생각이 들었다. 아직 시작도 안 해 봤는데….

잠시 생각하기를 멈추었다. 결국은 요코하마의 이벤트 달력을 보고 이벤트가 많은 시기이면서 3월 말에 숙소와 비행기를 잡아도 비용이 괜찮은 시기를 선택하게 되었고 최종적으로는 9월 말~10월 말로 날을 정했다.

숙소 선택에도 많은 고민이 따랐다. 이번에도 선택지는 몇 가지가 있었다. 호텔, 레오팔레스, 쉐어하우스, 에어비앤비, 캡슐호텔…. 그러나 한 달이라는 짧다면 짧은 기간을 관광 비자로 머물기에는 제약이 있었다. 쉐어하우스는 단기간이라 힘들 것 같았다. 워킹홀리데이 시절에 그렇게 좋아하는 요코하마가 아닌 도쿄 네리마구에 살았던 이유도 요코하마에는 매물도 워낙 없었고 집 상태가 좋지 않은 등, 마음에 차는 조건의 쉐어하우스가 적었기 때문이다. 상태가 좋은 집은 너무 비쌌다.

에어비앤비와 레오팔레스는 비용이 많이 들고 청소 및 관리를 직접 해야 한다. 레오팔레스는 한 달 전에야 가격 문의가 가능해서 마지막까지 선택지에 올려두고는 있었지만, 딱 한 달 전에 레오팔레스에 한 달 동안 요코하마에 거주하게 될 경우 드는 비용을 문의했더니 호텔보다 한화 50

만 원 정도 더 비싼 비용을 불렀다. 레오팔레스는 하는 수 없이 제해야 했다. 그런 식으로 선택지를 하나하나 지워 가다 보니 남은 것이 호텔이 었다. 최종적으로 호텔로 한 달 살기 숙소를 정하게 된 이유는 몇 가지 있다.

1. 관리를 내가 하지 않아도 된다.
2. 일자를 마음대로 정할 수 있다.
3. 집기와 시설을 다 갖추고 있으며 편의성이 좋다.
4. 초기 비용(부동산 수수료, 청소비, 열쇠 교체비 등)이 들지 않는다.
5. 어떤 시간에 무엇을 하든 제약이 없다.
6. 치안이 상대적으로 좋다.

워킹홀리데이로 일본에 갔을 때는 번역일을 하다 보니 새벽에 쉐어하 우스 복도를 돌아다니는 일이 많았는데, 부동산 직원분의 말에 의하면 10시 이후로는 소음이 나는 모든 행위, 예를 들어 토스터기를 돌리거나 샤워하거나 세탁기를 돌리는 것 등을 금지한다고 했다. 호텔은 그런 것 에서 비교적 자유로울 수 있어서 좋았다. 요코하마에서 난데없이 고함을 발사할 일은 없겠지만 새벽에 세탁기를 돌리는 일 정도는 충분히 있을 법하다.

3월 말의 어느 날 새벽, 번역 마감에 두들겨 맞고 너덜너덜해진 상태 로 숙소를 고르는데 한 곳이 눈에 띄었다. 비즈니스급 호텔인데 가격대를 생각하면 얼추 예산에 맞을 듯했다. 숙소를 찾는 기준은 '조식이 없는 곳'이었다. 조식이 들어가면 호텔비가 그만큼 비싸질 테고 한 달 내내 아침을 호텔 밥으로 때우기엔 너무 심심할 것 같았다. 또 아침은 부지런한 자들이나 먹는 것이다. 일찍 일어난 새가 벌레를 잡는다는데, 나는 늦게 일어나는 새라 벌레는커녕 벌레 더듬이조차 못 볼 것이 뻔했기에 조식을 일찌감치 버렸다.

그렇게 숙소를 결제하고 이제 비행기 표를 구하려는데 내가 중대한 실수를 저질렀음을 깨달았다. 아무리 알아봐도 숙소를 잡은 기간에 비행기 표를 잡으려면 비쌌다! 비행기 표는 날짜에 따라 가격이 오르락내리락하는 폭이 커서 비행기 표를 먼저 잡고 숙소를 정하는 게 낫다는 걸 몰랐다. 해외여행 자체가 4년 만이라서 완전히 잊고 있었다. 비행기 표를 비교적 저렴한 기간에 잡고 숙소를 그 기간에 맞춰 재결제하려는데 결제 내역이 바로 취소되지 않아 한도 초과 문자가 왔다. 결국 한도를 늘려서 숙소를 잡아야 했다. 이제 환전만 남았다!

환전은 눈치 싸움이다. 한 달 치 월급을 한 번에 받는 회사원과 달리 나는 작고 소중한 고료를 번역 회사별로 다른 입금 일에 나눠 받는 프리랜서라서 환전할 만큼 돈을 모으는 데도 시간이 조금 걸렸던 것 같다. 환율이 점점 떨어지고 있어서 더 떨어지길 기대했던 것도 있고 말이다.

내 주거래 은행은 원래 집 근처의 ▲▲은행인데 요즘은 환전 혜택을 주는 카드 및 은행이 많아서 그중 ○○머니를 눈여겨보고 있었다. 다행히 나에게는 약 10년 전 회사 월급 통장으로 만든 ○○은행 통장이 있었고 말이다. 회사가 월급을 ○○은행으로만 부쳐주겠다고 해서 억지로 만들어 오게 했는데 지금은 상상도 할 수 없는 그런 이유 덕에 한결 편하게 ○○머니를 쓸 수 있겠구나 안심하고 아무 생각 없이 100만 원 정도의 돈을 이체했다. 모든 비극은 거기서부터 시작되었다.

혜택을 받으려면 앱을 써야 하고 반드시 ○○은행 계좌를 거쳐 환전할 돈을 ○○머니로 넣어야 했다. 분명 ○○은행 이체 한도를 1,000만 원까지 최대로 높여 놨는데도 100, 90, 70, 50… 아무리 이체를 시도해도 돈이 넘어가질 않았다. 타 은행에서 ○○은행으로 돈을 넣는 건 됐는데 ○○은행에서 돈을 빼는 건 계속 오류가 나서 콜센터에 전화했더니, 너무 오래 이용하지 않은 계좌라 한도 제한이 걸린 것 같으니 필요한 서류를 챙긴 뒤 영업점으로 가서 풀어 보라고 했다. 이때 필요한 은행 서류란 흔히 '급여'를 중심으로 한 재직증명서, 급여명세표 등이라 혼이 나갈 것만 같았다. 프리랜서용으로 다시 말해 줘!!! 이렇게 호소하고 싶은 심정이었지만 그런다고 달라지는 것은 없었다. 은행 문턱은 프리랜서에게 한없이 높다는 걸 내가 잊고 있었다.

결국 그다음 날 만반의 준비를 하고 찾아간 ○○은행 창구에서 나는 3개월 이상의 급여 이체 내역이나 공과금 이체 내역, ○○신용카드 개설이 아니면 풀어줄 수 없다는 거절의 말과 함께 대차게 까이게 된다.

3개월은 어디 시간과 정신의 방에서 보내고 오면 되나? 아무리 기를 써도 지금 3개월의 실적을 쌓기는 무리인데요?

"고객님, 그러시면 방법이 하나 있습니다."

"네?"(조금 기대함)

"하루에 30만 원씩 이체하시면 됩니다. 하루 최대 이체 한도가 30만 원이거든요."

"······."

결국 주거래 은행인 ▲▲은행에서 환전했다. 주거래 은행이라는 게 왜 있는지 새삼 깨달은 느낌이다. 이렇게 환전한 돈은 약 13만 엔이었지만 트래블 월렛 등을 통해 카드에 충전해서 쓰거나 가지고 간 신용카드로도 돈을 썼기 때문에 최종적으로 한 달 살기에 쓴 돈은 이 금액보다 더 많았다.

우선은 도쿄로

이번 여행은 어디를 가보고 싶다는 위시리스트보다는 무엇을 해보고 싶다는 위시리스트가 더 길었다. 웬만한 요코하마 명소는 이미 방문해 봤기 때문이다. 그래서 이번 여행의 위시리스트는 맥주를 마시고 싶다, 기차를 타 보고 싶다, 높은 곳에서 요코하마의 전경을 바라보고 싶다 등으로 채워졌다. 이런 큼직한 위시리스트들을 적어 가되 소소한 일정은 당일의 컨디션 및 사정과 번역 일감 수주에 맞춰서 조정했다.

워킹홀리데이를 할 당시에는 도쿄에 살았고 왕복 교통비가 부담되어 자주 왔다 갔다 하지는 못했는데, 그렇기에 요코하마에 가는 날이면 전날부터 괜히 설레었고 가기 전부터 어딜 갈지 머릿속에 계속 그려보곤 했다. 꼭 기다리던 택배가 문 앞에 도착했다는 문자를 받고 현관으로 갈 때의 심정과 비슷했다. 아니, 택배를 백 번 정도 받은 기분이었다. 그렇게 도쿄에서 요코하마에 가는 날이면 늘 행복한 기분이 들었다. 오랜만에 그때와 비슷한 감정을 느낄 수 있었다.

직업이 일정한 곳에 소속되지 않은 프리랜서 번역가이기는 하지만 아직 아날로그로 '종이책'을 '택배'로 받아 작업하는 곳이 두 곳 있어서 그 두 곳에는 2주 전쯤에 미리 연락했다. 이번에 일본 한 달 살기를 하고 책을 내게 되었다는 사정을 설명하면서 만약 급하다면 현지에서 책을 직접 구매해서 작업할 테니 연락을 달라고도 했다. 다행히 두 곳 모두 응원하겠다고 말씀해 주셨고, 나머지 거래처는 다 전자 파일을 받아서 작업하는 곳이라 몸이 일본에 가더라도 일을 진행하는 데 큰 지장이 없었다.

평일 오후 1시쯤 출발하는 비행기여서 출근하는 가족들과 인사를 나누었다. 공항의 혼잡함을 피하고자 일부러 출발일을 평일 금요일로 정했기에 혼자 공항 리무진을 타고 조금 이르게 공항에 도착했다. 2019년 12월에 태국에 간 것을 마지막으로 코로나바이러스 등의 사정이 겹쳐 해외여행 자체를 하지 못했으니 약 4년 만의 출국이었다. 일찍 공항에 간 건 언제쯤 가야 하는지 감이 안 잡힌 탓도 있었는데, 정말 이건 조상신, 알라신, 하느님, 부처님 모든 신이 도우신 선택이었다. 추석 전 주여서 그런지 평일인데도 출국하는 사람이 너무 많았다. 덕분에 비행기 시간이 임박한 사람들이 새치기하는 경우까지 여러 번 생겼다. 나는 일찍 도착했고 체크인할 때 직원이 오늘 출국하는 사람이 많고 고객님이 이용하실 터미널은 제법 머니까 주의하시라고 미리 안내해 줘서 바로 줄을 선 덕에 여유롭게 들어갈 수 있었다.

약 2시간 반 후, 일본 나리타 공항에 도착했고 너무 오랜만에 오는 일본인데 직업 관계상 거의 매일 일본어를 봐서 그런지 일본어 안내판을

봐도 딱히 신기하거나 낯선 느낌이 들지 않았다. 이런 현상이 직업병 아닐까. 산업 번역을 하면서 보는 게 식당 메뉴판과 길 안내판 등이다 보니 더더욱 그런 듯했다.

비행기 안에서 출입국 카드를 안 쓰길래 드디어 아날로그 문화가 사라졌나 했더니 내려서 쓰게 했다. 나중에 들어 보니 요즘은 미리 웹상에서 신청하는 시스템이 있다나 보다. 마감만 주야장천 하던 지난 세월, 내가 시대를 버린 줄 알았더니 시대가 나를 버린 모양이다. 관세 카드도 현장에서 작성해서 제출하는데 직원이 갑자기 내게 물었다.

"짐은 그게 다세요?"

나는 아무 생각 없이 아래를 내려다봤고 화들짝 놀라서 바로 달려가서 두고 온 짐을 챙겼다. 큰 캐리어와 작은 캐리어, 총 2개의 캐리어를 들고 왔는데 너무 정신이 없어서 관세 카드 적는 곳에 작은 캐리어(가장 비싼 짐인 컴퓨터가 들어 있었다!)를 두고 온 것이었다. 연신 고맙다고 인사했더니 "아, 은근히 자주 있는 일이거든요."라고 쿨하게 대꾸하셨다.

"이제 모든 것이 다 끝났으니 요코하마로 가자!"가 아니었다. 와이파이 수령이 남았다. 게다가 나는 바로 요코하마로 가는 게 아니라 며칠 아키하바라라는 우리나라로 치면 용산 같은 곳에서 묵다가 평일에 요코하마로 이동하기로 했다. 잠깐 도쿄에 사는 친구도 만나고 도쿄를 돌아보고 싶었기 때문이었다. 와이파이는 윤정 작가님이 추천해 주신 아이비디오(ivideo) 1개월 대여를 이용했고 나리타 공항 4층에 있는 우체국으로 배송되게 해두었다.

공항 4층으로 가서 "혹시 제 앞으로 짐이 와 있지 않나요?"라고 물었더니 직원분은 익숙한 듯 "혹시 와이파이 말씀이세요?"라고 되물었다. 그렇다고 했더니 예약 번호를 물었지만 공항 와이파이가 느려서 인터넷 페이지가 뜨지 않는 탓에 바로 제시하지 못하자 이름을 확인하고 내어 주셨다. 바로 와이파이 연결부터 하고 구글 맵에 나리타에서 아키하바라까지 가는 길을 검색했다.

스카이 라이너를 타고 닛포리까지 간 다음, 닛포리에서 아키하바라까지 가는 길이 가장 무난해 보여서 우선 스카이 라이너를 예약하기로 했다. 인터넷으로 예약할 수 있게 되어 있어서 카드 등록까지 하고 1,300엔을 결제하고 가장 가까운 시간대의 스카이 라이너를 잡은 것까지는 좋았다. 우리나라라면 인터넷으로 결제하면 바코드 같은 게 떠서 그걸 찍으면 들어갈 수 있을 텐데, 여긴 역무원에게 예약 페이지를 보여주니 역무원이 IC 교통카드에 처리를 따로 해 주었다. 아직 완전히 전자화하진 못했나 보다.

이런 걸 보고 웃어야 할지 울어야 할지. 심지어 내릴 때는 약 1,100엔 정도의 돈을 추가로 요구해서 대체 뭔가 했더니 내가 산 건 라이너권이었고 승차권이 따로 필요하다고 한다. IC 카드로 하지 않고 현금으로 구매 시 1,270엔이라고 한다.

닛포리에서 아키하바라로 갈 때는 전철이 지연된다는 안내 방송이 연신 흘러나왔다. 게다가 날이 궂어서 추적추적 비까지 오고 있었다. 일본에 온 지 약 1시간, 비와 전철 지연과 피로, 삼중고가 나를 맞이했다.

전철 지연의 사유는 다행히(?) 아카바네역에 사람이 진입해서 대응하느라 그렇게 된 것이라고 한다. 인신사고가 아니라 다행이다. 내가 바라는 건 아무도 죽지 않는 평화로운 세상이다.

어찌어찌 힘겹게 도착한 아키하바라. 다행히 숙소는 역에서 약 5분 정도의 거리에 있었지만 비가 너무 쏟아져서 캐리어에서 미리 꺼내둔 우산을 쓰고 이동하면서 "マジでやばい!(진짜 헐이다!)"만 계속 되뇌었다.

내가 잡은 숙소는 여성 전용 캡슐호텔이었고 체크인한 다음 우선 축축해진 몸을 씻는데 직원에게 받은 수건이 큰 수건 1개, 작은 수건 2개라서 '오, 여기 좀 센스 있네. 하나는 캐리어 닦을 때 쓰면 되겠다'라고 생각하면서 아무 생각 없이 작은 수건 하나로 머리를 닦았는데 나와 보니 이런 문구가 떡하니 붙어 있었다.

'발 매트와 수건, 목욕 수건은 이쪽에 넣어 주세요'

그렇다. 작은 '수건'인 줄 알았던 것 중 하나는 발 매트였다. 얼른 남은 한쪽을 확인해 보니 앞을 보고 뒤를 봐도 그쪽이 수건이었다. 조심스레 머리를 풀어 보니 내가 발 매트로 머리를 털고 올린 것 아니겠는가. 흡사 원효대사 해골 물이었다. 50% 확률인데 발 매트를 집은 것도 재주라면 재주다.

그렇게 정신없는 하루를 넘기고 아침이 되자 나는 꼭 먹고 싶었던 마쓰야(24시간 규동 전문점)의 아침 정식을 먹으러 달려갔다. 일본 워킹홀리데이 시절, 냉두부를 곁들인 소시지와 달걀프라이가 있는 아침 정식을 정말 좋아했는데 그 추억의 맛을 약 4년 만에 다시 볼 수 있다니 너무 기뺐다. 자주 먹다 보니 나만의 먹는 방법이 생길 정도였다.

우선 봉지에 든 김을 봉지를 뜯지 않고 마구 찢은 다음 밥 구석에 뿌리고 간장도 뿌려서 비벼 먹는다. 그리고 달걀프라이도 꼭 간장을 뿌려서 먹는다. 하지만 추억의 맛은 역시 추억 속에 있을 때 가장 맛있는지 몇 년 전 가난하던 번역가 시절에 먹던 것이 몇 배는 더 맛있었다는 생각이 들었다. 오랜만에 먹은 마쓰야 정식은 평범한 달걀프라이와 밥맛이었다.

하지만 그제야 어떤 느낌이 들었다.

'그래, 내가 일본에 왔구나!'

수많은 표지판을 보고도, 말소리를 듣고도 안 오던 그 느낌이 말이다.

친구 N 양과 레이디가 되다
- 집사 카페를 가다

나는 귀가 좀 안 좋은 편이다. 무슨 병이 있는 건 아니지만 한국말도 잘 못 알아듣는데 일본에 오랜만에 와서 괜찮을지 걱정스러운 게 사실이었다. 그 걱정에 정점을 찍게 만드는 사건이 있었으니, 전철 차장님의 '아이시테마스(사랑합니다)' 방송 사건이었다. 전철 차장님이 갑자기 앞뒤도 없이 '아이시테마스(사랑합니다)'라고 해서 뭘 사랑한다는 걸까, 내려서도 곰곰이 생각하다가 나중에 해답을 찾았다. 정답은 '하이, 시메마스 (네, (문)닫습니다)'였다. 맞다, 문 닫겠다는 말을 잘못 들은 거였다. 문을 닫겠다는데 '네? 사랑한다고요?'라고 의아해하고 있으니 사오정도 이런 사오정이 없다.

나는 이날 도쿄에서 일하고 있는 친구 N 양을 만나러 가는 길이었다. 오전 중에는 일이 있다고 해서 점심시간에 만나기로 하고 오전에는 가고 싶었던 아사쿠사 가미나리몬과 센소지에 들렀다. 요코하마로 가기 전 임시로 묵고 있었던 캡슐호텔의 특성상 청소 시간 동안 룸을 비워줘야 했다. 아사쿠사에는 우리나라에서는 철이 아닌 붕어빵(다이야키)이나, 닝교야키 같은 먹거리도 다채롭게 팔고 있었지만 N 양과 점심 약속이 되어 있어서 꾹 참고 천천히 걸어서 스카이트리까지 갔다. 제법 거리가 있어서 꽤 걸어야 했다.

사실 원래 목적지는 센소지뿐이었는데 스카이트리는 시간이 남길래 가본 것이었다. 그런데 이게 웬일일까? 갑자기 내 와이파이가 뚝 끊겨버린 것이다. 놀라서 보니 와이파이 배터리가 다 닳아서 기기가 꺼져 있었다. 충전 케이블을 안 가지고 와서 어디서 구하기도 힘든 상황. 와이파이 배터리가 잘 안 닳는다 싶어서 충전을 좀 게을리하긴 했지만 보통 배터리가 없으면 빨간 불이 뜰 텐데…. 그냥 차갑게 식어버린 배터리를 보고 퍽 당황스러웠다. 일단 스카이트리 내부 와이파이를 통해 건물 내에 100엔 숍이 있다는 걸 알아냈고 그곳에서 맞는 케이블을 구매해서 급하게 충전했다.

오후 1시에 친구 N 양을 만나러 아가씨들의 성지라는 이케부쿠로로 향했다. 오랜만에 찾은 이케부쿠로도 꽤 변해 있었다. 사라지거나 새로

생긴 가게가 많았다. 저녁은 이미 집사 카페를 예약해 둔 상태여서 점심에는 직원이 메이드복(!)을 입고 서빙하는 쓰바키야라는 카페에 가보기로 했다. 음료만 파는 것이 아니

라 케이크나 가벼운 식사도 세트로 팔고 있어서 하이라이스 세트를 주문했다. 관리자급으로 보이는 남자분은 정장을 입고 있었다. 이 가게는 그냥 직원이 메이드복과 정장을 입고 있을 뿐, 다른 건 모두 일반적인 카페와 같다.

거기서 한참 수다를 떨다가 오후에 예약되어 있던 집사 카페(내부 촬영 금지였다)를 방문했다. 이미 프로 아가씨인 친구의 안내를 받아 들어간 그곳은 정말 신세계라는 말로밖에 표현할 길이 없었다. 우선 들어가면 도어맨이라는 집사님이 우리를 맞아 주시고 입장 시간이 되면 안내해 준다. 입구에서 짐을 맡기고 자리로 가면 우리를 담당할 집사님을 소개받는다. 이날 우리를 담당하신 집사님은 '히노'라는 젊은 나이대의 분이었다. 꽤 활달하신 성격이어서 서글서글하게 웃으며 이래저래 말을 붙여 주셨는데 정작 나는 너무 긴장해서 뻣뻣하게 굳은 게 아가씨가 아니라 목석을 앉혀 놓은 느낌이었다.

긴장한 게 티가 났는지 히노 씨는 나에게 여러 번 물었다.

"긴장하셨어요?"

"긴장했어요~."

집사 카페는 관리자급으로 보이는 나이대가 있어 보이는 집사님(편의상 노집사님이라고 하겠다), 자리를 담당하는 집사님들(이쪽은 비교적

나이대가 젊다), 입구 쪽에서 안내와 예약 확인을 해주는 도어맨이 있다. 도어맨은 입구 쪽에만 있기에 들어오고 나갈 때만 볼 수 있다. 계속 아가씨들을 상대하는 것은 담당 집사다.

메뉴는 물론 일반 카페보다 비싼 편이다. 스콘, 샌드위치 등이 있는 티 세트가 4,900엔 정도 하니까 말이다. 하지만 스푼보다 무거운 것을 들어서는 안 되는 것이 아가씨(레이디)다. 이 안에서는 모든 것을 집사님이 대신해 주니 4,900엔에는 서비스 비용이 포함되어 있다고 볼 수 있겠다.

우선 차를 직접 따라 마시지 않는다. 집사님이 잔이 빈 것을 확인하고 따라 주거나 너무 오래 따라 주지 않으면 테이블 위의 종을 울려서 잔을 채워 달라고 요청할 수 있다. 스콘, 샌드위치, 케이크 등이 올라가 있는 접시가 3단으로 쌓여 있어서 그 접시도 매번 내려 주셨다. 아가씨가 직접 내리는 것은 말 그대로 '있을 수 없는' 일이라나 보다. 화장실에 갈 때도 아가씨는 성큼성큼 화장실로 직행하는 것이 아니라 집사의 안내를 받아서 가며 돌아올 때도 집사의 안내를 받아서 돌아온다.

나는 이날 특이한 경험을 했는데 친구 말로는 흔하지 않은 일이라나 보다. 집사님도 퇴근 시간이 되면 연미복을 벗은 평범한 시민(?)이 되기 마련, 우리를 담당하던 집사님이 우리 이용 시간이 끝나기 전에 퇴근하시게 된 것이다. 그때는 말을 잘 돌려서 '큰 주인님이 히노를 부르셔서 갑작스레 가게 되었습니다'라고 표현한다. 첫 방문에 이런 일을 겪게 된 건 상당히 드문 경우라고 친구가 말했다. 물론 그다음 집사님이 바통을 이어받으셨고 우리의 카페 이용은 큰 불편 없이 이어졌다.

중간중간 생일을 맞은 분을 축하해 주며 노집사님이 "아가씨, 생일 축하드립니다"라고 선창하면 다 같이 박수를 치기도 했다. 매우 신선한 경험이었다. 나중에 다른 이용자분께 듣기로는 이 생일은 반드시 진짜 생일이 아니어도 된다나 보다.

내내 신기해하고 좋아하는 반응을 보이니 내게 집사 카페를 알려준 친구도 흐뭇해했다. 그리고… 내 설렘 게이지가 한계를 돌파하는 일이 생겼다. 바로 돌아갈 시간이 됐을 때였다. 돌아갈 시간이 되었다는 안내를 받고 카페를 나서며 친구를 따라 "다녀오겠습니다(いってきます)"라고 인사했다. 여기서는 아가씨가 잠시 외출한다는 설정이라서 다녀온다는 인사말을 남기고 나간다나 보다. 마지막에 문을 열어 주시는 노집사님께서 안경을 쓱 치켜올리며(!!) 우리에게 이런 말을 남기셨다.

"아가씨, 기다리고 있을 테니 10시까지는 돌아와 주십시오."

그 별거 아닌 말이 너무 좋았던 것 같다. 나를 기다리고 있다는 말이 서비스 멘트라지만 참 좋았다. 사람들이 집사 카페를 왜 좋아하는지 이유를 알 것 같은 느낌이었다. 나중에 기회가 되면 꼭 다시 가 보고 싶다. 집사 카페에 데려가 준 N 양에게 감사의 마음을 전하며, 다음에도 함께 아가씨가 되어 보고 싶다.

다음 날은 드디어 요코하마로 가는 날이라 지금 묵는 호텔 체크아웃과 새로운 호텔 체크인 사이에 남는 몇 시간 동안 뭘 할까 고민했다. 그러다 전에 살던 곳 근처인 기치죠지 쪽으로 산책을 가 보기로 했고 정말 주변을 어슬렁거리며 구경만 하다가 왔다. 정확히 살던 동네로 가지 않았던 건 세이부 신주쿠 노선을 타고 한참 들어가야 해서 시간이 애매했기 때문이었다.

새 호텔로의 이동은 전철로 했고 약 1시간 거리였다. 다행히 모든 역에 엘리베이터가 있어서 캐리어를 들고 고생하는 일은 없었다. 일부러 출퇴근 시간대를 피해 평일에 이동하기로 한 것은 짐이 많았기 때문이었다. 그렇게 도착한 곳은 요코하마 간나이에 있는 호텔로 역에서 7~8분 걸어야 하지만 위치가 좋아서 굳이 이곳으로 정하게 되었다.

호텔에 도착해 보니 깜짝선물이 도착해 있었다. 아니, 깜짝은 아니다. 사실 보낼 것이라는 말은 미리 전해 들었기 때문이다. 그래서 25일에 체크인한다는 말을 듣고 보내신 분, 지인 중 단비 님이 '22일에 바로 요코하마에 가는 줄 알고 그날 호텔에 선물이 도착하게 해 놨는데 호텔에 연락해서 25일까지 반송하지 말아 달라고 부탁하라'라고 하셔서 호텔과 통화까지 했다.

나는 정말 복 받은 사람이다. 가만히 있기만 해도 책 쓸 거리가 걸어 들어오니 말이다. 그래서 당시 묵던 캡슐호텔 라운지에서 전화를 걸어 정말 진지하게 '반송하지 마세요(返送しないでください)'라고 말했다. 사실 번역가이긴 하지만 번역과 통역은 많이 다르기에 내 회화 능력은 그렇게 고급스럽지 못하다. 어찌어찌 잘 설명하긴 했는데 예약 확인을 하는 데 시간이 오래 걸려서 약 6분간 통화했다. 직원도 지겨웠을 것이다. 통화비는 둘째 치고 원어민과 회화 공부하는 기분이어서 정신이 다 아찔했다.

체크인하면서 물품 수령 서류 같은 것에 사인한 후 받은 작은 소포에 는 입욕제와 부적, 편지가 들어 있었다. 호텔 객실에 욕조가 있어서 체류 하는 동안 입욕제를 유용하게 잘 썼다. 다시 한번 이 자리를 통해 감사드 리는 바다!

앞서 말했듯 내가 묵은 호텔에서 가장 가까운 역은 JR 간나이역으로 요코하마 스타디움과 차이나타운 바로 옆이어서 늘 오가는 사람이 많은 요코하마의 중심가였다. 날씨가 좋으면 거리를 누비며 산책만 해도 그곳 의 풍경으로 내 일상은 한 폭의 그림이 되었고 그 소소한 일상은 너무나 소중한 추억이 되었다. 실제로 이곳의 방은 다른 일본 호텔 룸보다 크고 청결하며 편안했다. 이제부터 이곳에서 약 한 달간의 요코하마 생활이 시작된다.

이케부쿠로 쓰바키야 카페 池袋椿屋珈琲店

주소 東京都豊島区東池袋1-6-4伊藤ビルB1階

영업시간 월~목 09:00~23:00, 금~토 09:00~익일 05:00, 일·공휴일 09:00~23:00

집사 카페 스왈로우 테일 執事喫茶 Swallowtail

주소 東京都豊島区東池袋3-12-12正和ビルB1F

영업시간 전체 예약제

정기 휴무 홈페이지(https://www.butlers-cafe.jp/)에 별도 안내

2장

9월의 요코하마

요코하마 간나이의 작은 안식처

요코하마 간나이는 도쿄역을 기준으로 해서 전철로 도쿄에서 약 45분 정도 거리에 있는 곳이다. 요코하마역과는 거리가 먼 편이지만 요코하마 시내의 중심이어서 위치는 꽤 좋은 편이었다. 간나이에 있는 가장 유명한 곳은 요코하마 스타디움과 중화가인데 내가 묵은 '다이와 로이넷 호텔 요코하마 공원점'은 요코하마 스타디움 바로 옆에 있어서 경기가 있는 날 주변을 걷다 보면 유니폼을 입은 팬들과 꽤 자주 마주쳤다.

2023년 리그에서 우승한 야구팀은 한신 타이거즈지만 요코하마가 연고지인 DeNA 베이스타즈도 3위를 할 만큼 선전했기에 2023년은 꽤 열기가 뜨거웠다. 나도 표를 잡아볼까 했지만 시간대도 그렇고 좀처럼 자리를 잡기 힘들어서 야구를 보고 싶다는 위시리스트는 달성하지 못했다.

요코하마의 큰 이벤트는 9월 말보다는 10월에 집중되어 있어서 9월에는 관광지를 돌아보거나 소소한 행복을 누리는 데 집중했다. 일정한 루틴을 가지고 움직이기로 했는데 그 루틴은 다음과 같았다.

1. 하루에 3~5시간은 일을 할 것. 이건 업무 사이클을 무너뜨리지 않기 위한 결정이었다
2. 하루에 한 번씩 밖에 나가기
3. 겹치게 되더라도 하루 두 곳 이상은 돌아보기
4. 하루에 만 보 이상은 걷기

이건 모두 충실하게 지키고 돌아왔다. 만 보를 찍지 못하는 조금 게으른 날이 있었다면 억지로 나가서 요코하마를 돌아보았고, 그만큼 뭔가를 눈과 가슴에 새겨넣을 수 있었다. 이런 루틴을 정해두고 가기 참 잘했다는 생각이 들었다. 아무래도 혼자 간만큼 나 자신이 나를 채찍질하지 않으면 게을러지기 마련인데 이런 규칙마저 없었더라면 일정이 많이 틀어졌을 것이다.

언덕길의 에노키테이,
추억의 요코하마 카레 알펜 지로

　호텔에서는 도보 20분 정도 걸려서 조금 멀지만 유명한 에노키테이에

가 보았다. 나는 좋아하는 게임의 배경으로 나와서 에노키테이를 알게

되었지만, 원래부터 체리샌드 등으로 유명한 카페다. 1927년에 건축된

이래 아직 남아 있는 몇 안 되는 서양관 중 하나이기도 하다. 1층은 카페

로 운영하고 있으며 2층은 테이크아웃으로 체리샌드, 요코하마 레몬 등

의 과자를 판매하고 있다. 대표적인 것은 체리샌드인데 안에 든 체리는

건체리가 아니라 말랑말랑한 체리고 크림이 매우 신선해서 더운 날씨에

오래 외부에 두는 것은 추천하

지 않는다.

　이날은 가서 로즈 가든 세트

를 먹었다. 평일에만 파는 평

일 한정 메뉴이며 2014년까지

미나토가미에루오카 언덕 공

원에서 영업했던 로즈 가든 에노키테이에서 판매하던 로즈 가든 세트를 리뉴얼해서 판매하는 것이라고 한다. 스콘과 레몬 타르트, 컵케이크, 샌드위치, 티(스트레이트 티, 밀크티, 레몬티 중 택 1)가 제공되어 이것 자체만으로도 배가 부르다. 그 밖에도 케이크 세트나 크림티(오리지널 스콘과 홍차 세트)를 팔고 있으니 앤티크한 서양관에서 우아한 티타임을 즐기고 싶은 분은 꼭 이곳에 가보시기를 추천한다.

저녁은 숙소에서 조금 멀리 떨어져 있지만 전에도 몇 번 가보았던 알펜 지로에 가기로 했다. 어떤 계기로 알게 되었는지 잘 기억은 나지 않지만 내게 '수프 카레'의 존재를 알게 해 준 곳이 알펜 지로라서 수프 카레하면 제일 먼저 요코하마가 떠오르고야 만다. 원래 수프 카레가 유명한 곳은 홋카이도라는 걸 나중에야 알게 되었다. 그런 알펜 지로도 4년 만에 가보는 것이라서 사실 본래의 모습을 보전하고 있을지 걱정이 많았는

데 변한 것이 하나 있었다.

몇 년 전까지는 완고하게 현금만 받던 곳이었는데 카드 결제를 도입한 것이다! 정말 일본도 서서히 카드를 쓰는 사람이 늘고 있구나, 불현듯 그런 생각이 들었다. 듣기로는 2020 도쿄 하계올림픽 이후로 캐시리스화를 추진했다는데 아무래도 그 영향을 받은 듯했다.

뜬금없지만 이 알펜 지로에는 추억이 하나 있다. 앞에서도 언급했지만 이곳은 내가 워킹홀리데이를 할 적에도 왔었는데 당시에 계시던 연세 지긋하신 요리사분이 계속 나를 보며 싱글벙글 웃으시는 게 아닌가. 특히 내가 숟가락만 들었다 하면 나랑 혈연이 있으신 분인가? 싶을 정도로 훈훈한 아빠 미소를 지으셨다. 처음에는 우연이겠지 하다가 나중에는 살짝 의아해하고 있던 차에 그분이 나에게 물으셨다.

"おいしい？"(맛있어?)

나는 먹던 음식을 꿀꺽 삼키고 대답했다.

"お、おいしいです。"(마, 맛있어요.)

그랬더니 또 싱글벙글.

내가 복스럽게 먹어서 기분이 좋나 보다 하던 차였는데, 그 이유는 내가 가게를 나갈 때 밝혀졌다. 이곳은 손님이 갈 때 카운터 직원이 "お客さん、お帰りです。"(손님 가십니다.)라고 선창하면 안에 있는 직원들

이 다 같이 인사를 하는데 계산 후, 손님 가십니다~ 라고 하자마자 앞에서 말한 그 요리사분이 다시 밝게 웃으며 나에게 이러시는 거다.

"쎄쎄~."(중국어로 고맙다는 뜻이다)

내가 외국인인 건 알아보셨고 외국인이 자기 요리를 너무 잘 먹어 주니까 흐뭇하셨던 거다. 한국인이 김치 잘 먹는 외국인을 보면 흐뭇해하는 것 같은 그런 느낌말이다. 하지만 순간적으로 웃음을 터졌다. 중국인으로 오해받은 게 그 당시 열 번 정도는 됐기 때문이었다. 비록 국적은 잘못 짚으셨지만 그 나라의 말로 고마움을 전하고자 했던 마음만은 참 따스했다. 이번에는 그분이 안 계셨다. 어쩌면 세월이 흘러서 은퇴하셨거나 이직하신 걸지도 모르겠다.

매달 26일은 지로의 날. 내가 간 날은 9월 26일이어서 딱 지로의 날이었고, 지로의 날 특가로 할인 해주는 추천 메뉴를 먹기로 했다. 26일이 지로의 날인 이유는 2를 '지', 6을 '로'로 각각 일본어로 읽을 수 있기 때문이다. 다음 달에 보일 신메뉴를 우선 이 지로의 날에 저렴한 가격에 선보이고 반응을 보는 듯했다. 이곳은 맵기를 지정할 수 있어서 정해 달라고 하길래 이렇게 물었다.

"저는 한국인인데 추천하시는 맵기가 있을까요?"

"그러면 에베레스트 어떠세요?"

에베레스트는 바로 최고 맵기의 전 단계였다. 역시 한국인은 맵부심(맵다 + 자부심의 합성어)이 있어야지. 그래서 바로 그걸로 달라고 했다.

이곳의 밥은 특이하게 이상한 통에 담아져 나오는데 최고의 맛을 위해 그런 통에 담는 것이라고 한다. 배가 너무 고팠던 나는 추가로 브루스게타를 시켜서 푸짐한 식사를 즐기기로 했다. 이 가게는 밥을 먼저 접시에 덜어낸 다음 카레를 스푼으로 떠서 뿌려 먹는 방법을 추천한다.

그런데 웬걸, 곧이어 나온 카레를 먹는데 하나도 안 매운 것이다. 약간 짭조름한 정도였지 웬만한 매운 라면의 발끝조차도 못 따라갈 정도로 안 매웠다. 매콤한 카레 맛을 기대했던 나로서는 이게 대체 뭔지 당황스러울 따름이었다. 혹시 일본 사람들은 짠맛과 매운맛을 헛갈리고 있는 게 아닐까?

그래도 맛은 변함없이 좋았기에 다 먹고 기분 좋게 나와서 그날 하루를 잘 마무리했다.

에노키테이 えの木てい

주소 神奈川県横浜市中区山手町89-6

영업시간 평일 12:00~17:30, 주말·공휴일 11:30~18:00

정기 휴무 연중무휴

요코하마 카레 알펜 지로 横浜カリーアルペンジロー

주소 神奈川県横浜市中区弥生町3丁目26

영업시간 화~일 11:00~15:00, 17:00~21:30

정기 휴무 월요일

요코하마에는 기린이 있다
- 기린 맥주 공장 투어와 컵누들 만들기

9월 27일에는 미식 여행이 예정되어 있었다. 2시에 요코하마 기린 맥주 공장을, 5시에 컵누들 뮤지엄을 예약해 두었다. 가기 전까지는 할 일이 없어서 커피숍에 앉아서 편지를 쓰기로 했다. 예쁜 하늘이 그려진 편지를 사서 그림이 있는 면이 글씨 쓰는 곳인 줄 알고 편지를 썼더니 웬걸, 그림 뒷면이 글씨 쓰는 곳이어서 편지를 다 다시 써야 했다. 결국 시간이 아슬아슬해져서 허둥지둥 편지 쓰기를 접고 서둘러 기린 맥주 공장이 있는 나마무기生麦로 향했다.

나마무기역에서 도보로 8~9분 정도 걸으면 나오는 기린 맥주 공장은 내부가 상당히 깔끔했다. 기린 맥주 공장은 처음이었는데 가이드분이 '오늘 가이드를 담당하게 되었다'라고 말씀하시며 일일이 인사하고 다니시는 모습이 상당히 인상 깊었다.

입장 시간 20분 전부터 예약한 사람들의 입장 접수가 가능한데 내가 도착한 시간은 딱 예약한 2시의 20분 전이어서 바로 접수가 되었다. 접수처에서 뭘 타고 오셨냐고 물어보길래 나도 모르게 "지텐샤(자전거)요."라고 해 버리는 바람에 하마터면 맥주 공장까지 가서 탄산음료로만 배를 채우고 올 뻔했다. 나중에 '음주 운전 방지' 같은 배지를 꺼내시는 걸 보고 뭔가 잘못됐다는 걸 느끼고 "아! 덴샤(전철)예요. 덴샤."라고 대답해서 서로 웃는 해프닝으로 그치긴 했지만 말이다.

"일본어를 잘하시는 것 같은데 한국어 안내문을 드릴까요?"라고 친절하게 물어봐 주셨지만 괜찮다고 사양했다. 기린 맥주 공장은 유료라서 500엔의 이용료가 드는데 그 표를 뽑는 기계도 외국어 지원이 된다. 아무래도 말로 하는 가이드까지는 외국어 지원이 안 되지만 안내문을 주기 때문에 외국인도 이해하기가 편하다. 내가 간 시간대에도 외국인이 제법 있었고 나 외에도 한국 분이 계셨다. 가족 단위로 오셔서 따로 말을 걸지는 않았지만 말이다.

기린 맥주 공장 투어를 마치면 갓 뽑은 신선한 맥주를 맛볼 수 있다. 맥주 안주용으로 먹을 수 있게 가벼운 안줏거리도 주기 때문에 속을 버릴 걱정도 없다. 공장 투어를 통해 이치방시보리一番搾り가 무엇인지도 알

게 되었는데 첫 번째 맥아즙을 사용해서 만든 맥주라는 뜻이란다. 패키지 포장 과정 등도 보게 되었는데 이렇게 수많은 과정을 거쳐 편의점, 슈퍼 등으로 전해지는 것이겠지.

다 먹고 바로 컵누들 뮤지엄으로 향했다. 맥주 공장 투어가 1시간 30분의 일정이다 보니 이동 시간을 생각하면 시간이 빠듯할 듯했는데 다행히 어느 정도 여유 있게 도착했다. 여기서 한 가지 실수를 했는데 내가 결제한 게 '컵라면 만들기'가 아니라 '치킨 라면 만들기'였다는 것이다. 두 개가 뭐가 다르냐 하면 '치킨 라면 만들기'는 반죽부터 해서 튀기기까지 직접 해야 한다. 반면 컵라면은 단순하게 컵을 꾸민 후 스프와 플레이크를 골라서 봉하기만 하면 된다. 이 이용권을 건네자 직원이 살짝 당황한 눈치를 보였다.

그도 그렇겠지. 이미 마감한 것인지 치킨 라면 만드는 곳은 깔끔하게 정리가 되어 있었다. 한동안 그 직원분은 고민하는 눈치를 보였다. 어쩌면 자기 양심과 싸우는 중이었을지도 모르겠다. 그리고 나쁜 양심이 이겼는지 나를 그냥 컵라면 만들기로 안내했다. 한숨을 푹 내쉬면서 말이다. 그 한숨이 너무 웃겨서 그냥 모르는 척 넘어가 주기로 했다. '왜 치킨 라면 만들기로 안내하지 않나요?'라고 묻는 대신 말이다.

컵을 대강 꾸미고 줄을 서서 기다린 다음 4가지 종류의 스프 중 하나

를 택하고 꽤 여러 종류인 플레이크 중 네 가지를 택했다. 달걀과 새우, 김치, 파였다. 그리고 멀뚱히 서 있는데 갑자기 직원분이 "응? 으응?"이라고 하셨다. 그래서 내가 "はい？"(네?)라고 했더니 이번에는 손동작으로 자꾸 가위질하는 것처럼 짤깍짤깍 거리신다. 그런데도 내가 이해를 못하자 그분이 정말 답답하셨는지 근엄한 표정으로 그제야 입을 여셨다.

"写真撮らないんですか？"(사진 안 찍으세요?)

"ああ、ありがとうございます!"(아아, 감사합니다!)

말로 해주면 되지 않나 싶었지만 후에 생각해 보니 음식이 있는 곳이라서 말을 최대한 삼가셨던 게 아닐까 싶다. 마지막으로 나오면서 포장을 하는데 내가 컵라면을 거꾸로 넣고 공기를 넣는 바람에 라면이 뒤집혀 버렸다. 그걸 보고 맥없이 웃어 버렸다. 넣고 나서 생각해 보니 어차피 수프 성분 때문에 한국으로 못 가져갈 텐데 왜 굳이 공기 주입을 했을까. 결국 호텔로 가서 바로 먹었다.

세상은 숨만 쉬어도 에피소드가 생기는 사람과 그렇지 않은 사람이 있는데 나는 단연코 전자다….

기린 맥주 요코하마 공장 キリンビール横浜工場

주소 神奈川県横浜市鶴見区生麦1丁目17-1

운영시간 전체 예약제

입장료 500엔

정기 휴무 월요일(월요일이 공휴일이면 운영하고 익일 휴무)

컵누들 뮤지엄 요코하마 カップヌードルミュージアム横浜

주소 神奈川県横浜市中区新港2-3-4

운영시간 10:00~18:00

입장료 500엔~1,000엔

정기 휴무 화요일(화요일이 공휴일이면 운영하고 익일 휴무)

요코하마의 코리아타운, 후쿠토미초와
요코하마 아카렌가소코

 요코하마에 있는 코리아타운, 후쿠토미초는 도쿄의 코리아타운 신오쿠보에 비하면 상당히 규모가 작은 곳이었다. 신오쿠보처럼 번쩍거리는 조명이나 유명 프랜차이즈가 입점해 있는 곳도 아닌 매우 소소한 동네이다. 원래 요코하마의 역사는 그렇게 길지 않다. 약 150년 남짓 되는 짧은 역사에 요코하마의 한인이 차지하는 역사는 과연 몇 년이나 될까?

 집에서 챙겨온 즉석밥이 마침 다 떨어진 차라서 한인 마켓에 들어가 나도 모르게 상표명을 댔더니 바로 알아들으신 가게 주인분께서 능숙한

한국어로 "그건 없어요. 죄송합니다."라고 하셨다. 그래서 대신 라면과 간식거리만 사서 나왔다.

나중에 후쿠토미초 이야기를 요코하마에서 알게 된 현지인에게 했더니 아예 그런 곳이 있다는 것조차 모르고 계셨다. 조금 슬펐다. 여기 분명히 나와 같은 말을 쓰는 사람들이 존재하는데 모르는 사람이 더 많다는 것이…. 좀 더 많은 사람이 꼭 요코하마에도 코리아타운이 있다는 사실을 알아주었으면 한다.

천천히 걸어서 아카렌가소코_{붉은 벽돌 창고}로 향했다. 이름처럼 붉은 벽돌로 지어진 아카렌가소코는 요코하마를 대표하는 장소 중 하나이다. 건물이 두 개인데 1호관에는 카페와 레스토랑이 있고 2호관은 아카렌가소코 한정 상품을 포함한 각종 아기자기한 소품, 기념품 등을 팔고 있다. 1호관의 2층과 3층에는 전시 및 이벤트를 진행하는 공간도 마련되어 있다고 한다. 외부 공간에서는 사시사철 계절에 맞춰 다른 이벤트를 진행한다. 크리스마스에는 크리스마스 마켓을 진행하며 봄에는 딸기 페스티벌을 진행하는 식으로 말이다. 여러모로 요코하마 사람들과 여행자들을 즐

겁게 하는 공간이다.

이 아카렌가소코 2호관의 2층에는 행복의 종이 있어서 이것을 울리면 행복해진다는 설이 있다. 후덥지근한 밤바람을 맞으며 종을 바라봤다. 구석진 곳에 있어서인지 생각보다 사람들은 이 종이 있다는 것 자체를 모른다. 하지만 아카렌가소코 근처를 어슬렁거리다 보면 간혹 데앵, 데앵 하는 맑은소리가 들린다. 그게 바로 행복을 주는 종소리이니 아카렌가소코를 지날 때 귀를 쫑긋 세우고 들어 보시길 바란다.

거리를 슬슬 걸어서 미나토가미에루오카 공원 쪽으로 향했다. 가는 길에는 스타디움 앞 요코하마 공원이 보인다. 정말 물이 졸졸 흐르고 자연이 있는, 말 그대로 도심 속의 자연이다. 끝이 보이지 않는 기나긴 계단을 끝까지 올라가면 상쾌한 바람 한 줄기가 불며 이마를 간질인다. 9월 말임에도 사실 날씨는 꽤 더운 편이었다. 아무래도 바다가 있어서 습한 탓인 듯했다. 하지만 미나토가미에루오카 공원은 높은 곳이어서 그런지 바람이 솔솔 불어와서 시원함을 느낄 수 있었다.

사실 미나토가미에루오카 공원으로 올라가는 계단과 공원 메인 구역 사이에는 돌 타일이 깔린 곳이 있는데 여기에는 믿거나 말거나 하는 도시 전설이 하나 있다. 수없이 깔린 돌 타일 중 딱 하나 하트 모양의 돌 타일이 있는데 그것을 찾는 사람은 행복해진다는 도시 전설이다. 찾기 힘드신 분을 위해 힌트를 드리자면 근처에 있는 벤치에 앉으면 더 쉽게 찾을 수도 있다.

미나토가미에루오카 공원에서 내려와 모토마치 상점가의 노포 무테키로로 향했다. 1981년 생긴 무테키로는 사실 그리 오랜 역사를 자랑하는 곳은 아니지만 그 존재감만은 강렬하다. 포털 사이트에 요코하마의 노포라고 검색하면 뜨는 대표적인 곳 중 하나이기 때문이다. 레스토랑과 카페를 겸하고 있으며 둘 다 가격이 저렴한 편은 아니었던 것으로 기억한다. 그래도 런치 메뉴로 판매하는 음식은 천엔 대의 가격이어서 비교적 저렴하다. 런치 시간대에 입장하면 식사를 할지 카페를 이용할지를 묻는다. 나 역시 점심때 방문해서 같은 질문을 받았고 카페를 이용하겠다고 했으며 케이크 세트를 먹었다. 케이크 세트는 시즌 별로 다른 듯하지만 5~6가지 종류가 있으며 하나를 선택할 수 있다.

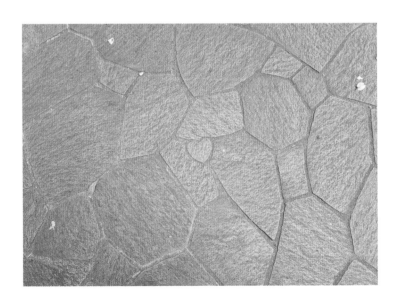

요코하마 아카렌가소코 橫浜赤レンガ倉庫

주소 神奈川県橫浜市中区新港1-1

운영시간 1호관 10:00~19:00, 2호관 11:00~20:00

정기 휴무 입점 매장별로 다름

미나토가미에루오카 공원 港が見える丘公園

주소 神奈川県橫浜市中区山手町114

정기 휴무 연말연시(프랑스산 포함), 영국관 - 매달 둘째 주 화요일, 야마테 111번관 - 매달 넷째 주 수요일

무테키로 霧笛楼

주소 神奈川県橫浜市中区元町2-96

영업시간 11:30~13:00, 17:30~19:00

정기 휴무 월요일, 목요일

| 아카렌가소코 앞 풍경 |

| 아카렌가소코 2호관 2층 행복의 종 |

하라 산케이의 정원, 산케이엔

무역으로 재력을 쌓은 실업가이자 미술 애호가인 하라 산케이가 개원한 일본식 정원 산케이엔은 곳곳이 꽃과 나무, 근사한 건물로 가득하다. 원내에 있는 린카쿠와 구 도묘지 삼중탑 등은 중요문화재로도 지정되어 있다고 한다. 봄에는 벚꽃의 명소이자 가을에는 단풍 명소로 알려져 있다.

9월 30일에는 산케이엔에 다녀왔다. 2023년 10월 1일부터 산케이엔 이용료가 성인 1인 기준 700엔에서 900엔으로 올랐는데, 나는 딱 9월 30일에 다녀와서 700엔을 내고 볼 수 있었다. 어찌 보면 상당히 운이 좋았다고 할 수 있겠다.

삼중탑이 있는 곳까지 계단을 올라간 뒤, 거기서 안쪽으로 더 깊숙이 들어가면 전망 구역이 있는데 날이 맑을 때는 후지산도 보인다고 한다. 아쉽게도 내가 간 날은 구름이 짙게 끼어 있어 후지산을 볼 수는 없었다.

내부에는 식사를 할 수 있는 곳이 몇 개 있었는데 그곳에서 맛볼 수 있는 대표적인 메뉴가 바로 산케이 소바다. 쯔유가 들어가지 않은 따뜻한 소바인 이 음식은 비빔면 같은 느낌의 음식이었다. 정확히는 비벼 먹는 게 아니고 위에 있는 토핑을 조금씩 말아서 먹는 것이라고 한다. 소바라고 부르지만 가느다란 우동 면 같은 것을 사용한다.

산케이엔의 창설자 하라 산케이는 다도를 즐기는 사람이었고 식食에도 능통하여 스스로 음식을 고안해 손님에게 대접했다고 한다. 그리고 1906년, 과거 내원来園에 있던 야마부키 찻집의 손님에게 선보여져 야마부키멘으로 불리던, 산케이가 가장 자신 있어 하던 산케이 소바는 손님 대접용 음식으로 유명했고 지금까지 전해 내려오고 있다. 가격은 결코 저렴하지 않았지만 산케이엔에서만 맛볼 수 있는 이 음식은 특별한 느낌을 주었다. 맛도 꽤 좋은 편이었고 말이다. 게다가 관람 시설 내부의 음식점임에도 카드 결제가 된다는 사실이 매우 놀라웠다.

산케이엔까지는 버스를 타고 갔는데 가는 길에 보이는 동네의 소소한 풍경도 꽤 매력적이었다.

같은 날 우치키 빵집에도 갔다. 1888년 생긴 이 빵집은 외국인이 만든 동명의 빵집이 모태라고 한다. 지금은 가타카나로 쓰지만 당시에는 한자로 우치키宇千喜라고 썼다. 요코하마에 있는 가장 오래된 빵집이기도 하다. 현금 결제만 가능하여 웬만한 곳은 모두 카드 결제가 가능한 요즘 같은 시대에는 다소 뒤처진 구시대적인 곳이라고 할 수 있겠으나 포장해서 호텔에서 먹은 빵은 상당히 맛이 좋았다. 과연 100년 넘게 사랑받을 만큼 훌륭한 맛으로 자꾸만 손이 갔다. 바삭하고 쫄깃하고 구수한 빵이 계속해서 입맛을 자극했다. 그럼에도 가격은 저렴한 편이었다.

그리고 특이한 점이 보통은 포스라고 불리는 기기에 계산할 품목을 찍어서 입력하는데 그것까지는 동일한데…. 여긴 포스 담당이 둘이었고 한 사람이 옆에서 90엔, 200엔처럼 가격을 불러주면 찍는 사람이 그걸 그대로 찍는 식으로 계산했다. 상당히 독특해 보였다.

다음으로 중화가의 가장 오래된 반점에 가 보려고 했지만 아무리 검색하고 또 검색해도 맵에 나오지 않아서 이상하다 싶어서 포털 사이트에서 검색해 보니 아무래도 코로나바이러스 시기에 문을 닫은 듯했다.

  1880년대 후반에 생긴 노포인데 세월의 풍파를 이기지 못한 모양이다.

결국 그날 저녁은 소롱포가 되었다.

산케이엔 三溪園

주소 神奈川県横浜市中区本牧三之谷58-1

운영시간 09:00~17:00

입장료 초등생 · 중학생 200엔, 성인 900엔

정기 휴무 매년 12월 26~31일

우키치빵 ウチキパン

주소 神奈川県横浜市中区元町1丁目50

영업시간 09:00~19:00

정기 휴무 월요일(월요일이 공휴일이면 운영하고 익일 휴무)

노포 가쓰레쓰안과
바에서의 멋진 만남

1927년부터 영업했다는 요코하마의 노포이자 유명한 돈가츠 전문점 가쓰레쓰안에서 저녁을 먹기로 하고 간나이 북쪽 출구 인근에 있는 본점을 찾았다. 이미 내 앞에는 대기자가 몇 명 있었고, 대기자 명단에 이름을 적고 기다리는데 1인이어서 그런지 다행히 금방 자리가 나서 일찍 들어갈 수 있었다. 메뉴는 결코 저렴한 편이 아니었고 약 1,900~2,900엔대였다. 나는 추천하는 메뉴를 물었고 직원분은 기본 메뉴를 추천했다.

곧 히레카츠(등심 돈가츠), 밥, 된장국, 가벼운 반찬이 나왔다. 돈가츠

는 잘려 나오고 돈가츠와 양배추는 뿌려 먹는 소스가 하나로 같았다. 테이블에는 두 가지 소스가 있는데 하나는 노란색이고 하나는 진한 갈색이었다. 전자는 알싸한 겨자고 헷

갈리는 사람이 조금 있는지 아예 스푼이 작았다. 갈색은 돈가츠와 양배추에 뿌려 먹는 소스다. 호기심에 겨자를 살짝 혀끝에 대봤다가 정말 형용할 수 없는 공포를 느꼈다. 세상에 이렇게 매운 겨자는 난생처음 먹어본다.

배가 부른 김에 천천히 차이나타운 쪽으로 걷는데 요란한 북소리가 들렸다. 검색해 보니 무슨 축제 같은 것이 있는 모양이었다. 가게 앞에서 사자탈을 쓴 사람들이 춤을 추며 가게가 번창하기를 비는 듯했다.

행사 시작 시간대를 보니 이른 오후 시간대부터 한 듯한데, 내가 본 것이 저녁 8시였으니 그 시간까지 하고 있다는 게 너무 신기했다. 하지만 역시 거의 끝나가는 참이어서 금방 해산할 기미를 보였고 나도 행렬을 쫓다가 그것을 보고 아쉬워했다. 조금 더 일찍 알았더라면 밥을 일찍 먹거나 안 먹고 이 행사를 보러 왔을 텐데!

아쉬운 마음에 돌연 어떤 충동이 들었다. 요코하마의 '바(Bar)'에 가보고 싶다는 충동이었다. 무슨 기이한 일인지 모르겠다. 나는 원래 한국에서도 바 같은 곳에 잘 가지 않는데 말이다. 하지만 혼자 여행 와서 말할 상대가 없다 보니 입이 근질근질했고 바에 가면 보통은 마스터가 있으니까 마스터와 얘기를 할 수 있다, 혹은 더 나아가 손님과 친해질 수 있지 않을까 하는 약간의 기대 같은 것을 품었다. 그래서 즉석에서 혼자 갈 수 있으며 숙소 근처에 있는 바를 인터넷으로 검색했고 바로 근처에 있는 한 바를 찾았다. 가격대도 적절해서 바로 그곳으로 향했다.

"一人でも利用できましょうか？"(혼자서도 이용할 수 있을까요?)

마스터는 괜찮다고 하시며 자리를 안내해 주셨다. 마스터는 의외로 여자분이었고 그래서 더 마음이 편안했다. 이미 손님이 세 분 정도 있었고 다들 중년의 남성이고 동네분들이신 듯했다.

인터넷에 올라와 있는 캡처만 봐서는 세련된 느낌을 상상했는데 그냥 동네분들이 가볍게 한잔하실 때 이용하는 모임 공간 느낌이었다. 동네 사람들끼리 노는 곳에 내가 잘못 온 건가 싶었지만 기왕 들어왔으니 메뉴판을 펼치고 당당하게 외쳤다.

"おすすめはありますか？"(추천하는 건 있나요?)

나는 어딜 가나 이 말을 하는 것 같다. 추천하는 게 있다면 그걸로 하겠다고. 마스터가 어떤 느낌의 술을 좋아하냐고 물으셔서 상큼한 느낌을 좋아한다고 했더니 몇 가지를 추천해 주셨고 그중 레몬이 들어가는 것을 골랐다. 그리고 기다리는데 세 분 중 두 분이 자기들은 먼저 일어나겠다면서 가셨다. 세 분이 일행인 줄 알았는데 그것도 아니었나 보다. 남은 한 분은 단골이신지 마스터와 계속 얘기하셨고 음료를 제공해 주신 후, 마스터가 나에게 조심스레 물으셨다.

"旅行の方ですか？"(여행 온 분이세요?)

나는 "あ、やっぱり分かりますか？外国人だと。韓国人です。"(아, 역시 아시겠어요? 외국인인 거. 한국인이에요.)라고 대답했다.

그러자 옆에 계시던 분이 "한국인?"이라고 하셨다. 그 후로는 몇 가지 질문이 더 오갔고 언제 귀국하냐고 물어보시길래 10월 21일에 한다고 했더니 "꽤 오래 있네!"라고 하셨다. 그래서 이렇게 말했다.

"저는 작가인데 요코하마의 매력을 모두에게 전하기 위해 와 있고 일본을 여행하면서 취재할 생각이에요."

그랬더니 정말 대단하다고, 고맙다고 하셨다. 그 직후 단체 손님이 와서 우리 사이에 앉으려고 하자 아예 혼자 남은 손님, 야마모토 씨가 나더러 자기 옆자리로 오라고 하셨다. 모 회사의 사장님인 야마모토 씨는 1986년(내가 태어나기도 전이다)에 한국에 간 적이 있다며 한국어를 더듬더듬 말씀하셨고 나보다 발음이 더 좋으셨다. 계속 잘한다고 칭찬했더니 정말 기뻐하셨다. 정말 1, 2, 3, 4, 5를 더듬더듬 세시는데 아주 발음이 좋으셨다. 한국어를 한참 안 하신 분 같지 않았다. 그랬더니 대뜸 나에게 술을 사겠다고 하시는 게 아닌가. 한국어를 잘한다는 칭찬에 어지간히 기분이 좋으신 듯했다. 나는 그 반응 때문에 한참을 웃었다.

야마모토 씨는 나한테 왜 요코하마로 왔냐고, 요코하마는 교토나 다른 곳에 비하면 역사가 한참 짧은 곳이 아니냐고 물으셨다. 이곳은 외국인들이 많았던 곳이라고 하면서 말이다. 나는 차마 요코하마를 사랑하게 된 진짜 이유를 말할 수 없었다. 전자 남친(좋아하는 2D 게임 캐릭터)이 여기 살아서 좋아하게 됐다고는 도저히….

그래서 에둘러서 "정말 좋아하는 작품의 무대가 요코하마여서 그 영향으로 요코하마를 좋아하게 되었다"라고 말했다. 완벽한 진실은 아니지만 그렇다고 거짓말도 아니다.

뭔가 한국을 보여 드려야 할 것 같아서 전에 중랑구 장미 축제에서 찍은 가수 김연자의 영상을 보여드렸더니 놀랍게도 김연자를 알고 계셨다. 그런데 야마모토 상의 관심은 김연자가 아니라 다른 쪽에 가 있었다. 내가 장미 축제를 '바라마쓰리'라고 일본어로 말했는데 '바라' 중 '바'의 발음이 일본인의 발음과 다르다며 갑자기 발음 강좌가 시작되었다. 상상도 못 한 강좌. 당황해서 바→라, 바↑라, 바／라, 각종 바 발음이 나오고 있는데 옆에서 마스터가 한마디를 거들었다.

"남편이 나한테 몇십 번씩 중국어 발음이 다르다고 뭐라고 했는데 왜 그랬는지 알겠어~."

야마모토 씨 말로는 마스터의 남편이 중국인이라는 모양이다. 여기서 깨달음을 얻지 마시라고요.

처음 두 잔은 내가 마음에 드는 걸로 마셨지만 두 잔은 야마모토 씨가 추천하는 유키구니雪國와 위스키를 마셨다. 보드카와 럼이 들어간 새콤달콤한 유키구니는 일본 최고령 바텐더 이야마 게이이치가 만든 것으로 전 세계 사람에게 사랑받는 유명한 칵테일이다. 여기서 야마모토 씨의 소개로 처음 접해본 나는 유키구니라는 이름을 듣고 유키구니, 즉 '설국雪國'은 책 제목이 아니냐고 했더니 그것도 아냐면서 너무 기뻐하셨다.

결국 내가 마신 술값을 모두 야마모토 씨가 내주셨다. 자기는 이렇게 즐거운 시간을 보낸 게 너무 오랜만이고 일본을 좋아하는 한국인을 만난 게 기쁘다면서 말이다. 그 와중에 "즐거운 시간을 보낸 게 오랜만이라고?"라면서 장난스레 눈을 흘기신 마스터의 행동이 너무 재미있었다.

정말 많은 이야기를 나누었는데 여기 다 담지 못하는 게 아쉬울 뿐이다. 충동적으로 사람과 떠들어 보고 싶어서 찾아간 바에서 멋진 인연을 만났다. 귀국 전에 한 번 더 들르기로 약속했는데 그때도 즐거운 시간을 보낼 수 있으면 좋겠다고 생각했다.

가쓰레쓰안 바샤미치 총본점 勝烈庵馬車道総本店

주소 神奈川県横浜市中区常盤町5丁目58-2

영업시간 11:00~21:30

정기 휴무 연중무휴

요코하마에서 보내는 편지 1
량 님에게

　미리 X(구 트위터)와 블로그를 통해 내가 요코하마에서 쓴 편지를 받아
보실 분을 모집하였고 총 다섯 분이 지원해 주셨다. 챕터 사이사이 그 편
지들을 넣고 답장을 주신 분 중 허락해 주신 분들의 답장도 넣었다. 이 자
리를 빌려 다시 한번 감사드린다.

　량 님은 X를 통해서 알게 된 분인데 같은 장르를 좋아하게 되면서 서로
가까워졌다. 이번 여행에서 마침 예정이 있으셔서 잠깐 요코하마에서 만
나 같이 놀기도 했다.

　량 님에게

　안녕하세요, 저는 지금 요코하마의 한 커피숍에서 이 편지를 쓰고
있습니다. 량 님을 기다리고 있는 지금은 9월 29일 금요일이에요. 일
본에 온 지 벌써 일주일이 지났습니다. 시간의 흐름이 참 무서울 정
도로 빠르네요. 오늘 하루가 서로에게 기억에 남을 하루가 되길 바랍
니다. 일본에서 즐거운 일은 많이 있었나요? 이 편지도 량 님에게 즐
거움의 하나가 되어 주면 좋겠어요. 비록 전해드리는 건 나중이 되겠
지만요. 늘 함께해 주셔서 감사합니다. 오래오래 함께해요. 행복하세
요.

3장

가마쿠라와 에노시마

시즈카 고젠과
쓰루오카 하치만구

가마쿠라에 간 것은 일본에 온 지 약 일주일이 지난 후였다. 보통 가마쿠라에 가면 에노시마까지 세트로 방문한다. 가마쿠라에서 에노시마 전철이나 에노덴을 타거나 기타 교통수단을 이용해 조금 더 가야 하지만 에노시마는 가마쿠라에서 가기 불편한 곳은 아니다.

가마쿠라는 절이 많고 보통 오후 4시쯤 문을 닫는데 주변 가게들도 다 그에 맞춰 일찍 문을 닫는다. 그래서 아침을 먹고 오전 10시쯤 여유롭게 호텔을 나섰다. 호텔이 있는 간나이에서 가마쿠라까지는 약 40분이 소요되는 거리였고 거의 도쿄에 가는 것과 비슷한 수준이었다. 한참 전철을 타고 이동하는데 내 눈을 의심케 하는 한 가지 소식이 전철 내 안내판에 떴다. 아키타 신칸센 고마치 10호가 '곰'과 충돌해 지연되었다는 소식이었다. 처음에는 한자를 잘못 본 건가 해서 눈을 박박 문지르고 다시 봤다. 그만큼 곰과 전철이 충돌했다는 이야기가 상당히 낯설게 다가왔다.

나중에 알고 보니 일본은 최근 곰이 새로운 문제로 대두되고 있다고

한다. 도호쿠 지방에서 곰의 주식인 열매 등이 흉작이라 먹이를 찾아 곰들이 산에서 내려오면서 사람들 눈에 띄기 시작한 것이다. 이번에 충돌한 곰도 아마 그런 굶주린 곰이었겠지. 안쓰러운 마음이 들기도 했다.

가마쿠라는 크게 나누자면 기타카마쿠라와 가마쿠라로 나눌 수 있는데 역으로는 한 정거장 차이지만 도보로 따지면 35분이 걸린다. 그래서 기타카마쿠라와 가마쿠라를 하루에 다 보겠다고 욕심을 부리기보다는 하루는 기타카마쿠라를 보고 하루는 가마쿠라를 보자고 결심하고 이번에는 가마쿠라역에서 내렸다.

제일 먼저 방문하기로 한 곳은 쓰루가오카 하치만구. 내가 했던 게임 '머나먼 시공 속에서 3'에 나왔던 곳이자 국가적으로도 중요한 곳으로 인정받고 있는 곳이다. 가마쿠라 막부를 연 무장 미나모토노 요리토모가

가마쿠라로 이주한 뒤 건립한 곳으로 오랜 세월 보존된 만큼 역사적 가치가 충분하다. 그렇기에 지금은 이곳 가마쿠라의 상징물로 자리했다. 게임 '머나먼 시공 속에서'는 코에이 테크모 게임즈의 여성향 게임 개발 파트 루비 파티에서 개발한 시리즈 중 하나이며, 주인공인 용신의 무녀와 무녀를 지키는 8명의 팔엽八葉이 등장한다.

'머나먼 시공 속에서 3'의 배경은 가마쿠라 막부 시절이며 팔엽 중 하나로 '미나모토노 요시쓰네'가 등장한다. 그래서인지 쓰루가오카 하치만구에서 시즈카 고젠이 읊었던 시도 나온다.

미나모토노 요시쓰네의 애인이었던 시즈카 고젠은 요시노에서 사랑하는 요시쓰네와 헤어져 교토로 돌아오지만 하인에게 배신당해 가마쿠라로 압송된다. 당시 요시쓰네와 대립 중이던 요시쓰네의 형 요리토모에게 포로로 잡힌 시즈카 고젠은 요리토모의 명령으로 이 쓰루오카 하치만구에서 춤을 추게 된다. 남편과 사이가 좋지 않은 시아주버님(?) 앞에서 내키지도 않는 춤을 추게 되었으니 속이 당연히 편하지 않았겠지. 게다가 시즈카 고젠은 당시 임신한 몸이었다. 그래서 후에 길이 전해져 내려오는 이런 시를 읊기에 이른다.

吉野山 峰の白雪 ふみわけて 入りにし人の 跡ぞ恋しき

しづやしづ しづのをだまき くり返し 昔を今に なすよしもがな

요시노산 봉우리에 내린 흰 눈을 밟으며 사라져 간 이의 자취가 그리워라

시즈여 시즈 하시던 옛날로 돌아갈 수 있다면 좋을 것을

수많은 사람 앞에서 요시노에서 헤어진 요시쓰네를 그리는 내용의 시를 읊은 시즈카 고젠의 행동에 요리토모는 당연히 격노했다. 하지만 요리토모의 아내 호조 마사코가 시즈카 고젠을 감싼 덕에 하는 수 없이 요리토모는 분노를 억눌렀다고 한다.

게임은 당연히 가상의 이야기이기 때문에 요시쓰네와 주인공이 다시 만나서 행복해지지만, 이 시의 주인공인 시즈카 고젠은 당시 낳은 아이마저 빼앗긴다. 딸이면 살리고 아들이면 죽이라고 요리토모가 명령했는데 하필 아들이 태어났다고 한다. 시즈카 고젠이 다시 요시쓰네를 만났다는 역사적 기록도 남아 있지 않다. 따가운 시선을 받으면서도 구구절절 시로 토해낸 그리움을 들어준 사람이 그리워하는 이가 아니었다는 사실이 안타깝게 다가온다.

이 쓰루오카 하치만구 앞으로는 와카미야오지라는 길이 길게 뻗어 있다. 도로 한가운데 길이 나 있고 양쪽으로 차가 다니는 구조다. 길가의 나무는 가을이라 나뭇잎이 다 져 있어서 바싹 마른 가지들이 유독 앙상해 보였다. 원래 그다음으로 가려고 했던 곳은 제니아라이벤텐이었지만 목적지를 바꿔서 사스케 이나리 신사로 향했다.

갈림길에서 왼쪽으로 가면 사스케 이나리 신사고 오른쪽으로 가면 제니아라이벤텐이었는데, 오른쪽으로 우르르 몰려가는 단체 관광객을 보았기 때문이었다. 제니아라이벤텐은 빈말로라도 그렇게 넓다고 할 수 없는 곳이라서 혼잡함을 피하기 위해서였다.

쓰루오카 하치만구 鶴岡八幡宮

주소 神奈川県鎌倉市雪ノ下2-1-31

운영시간 10월~3월 06:00~21:00, 4월~9월 05:00~02:00(내부 시설은 시설별로 다름)

입장료 없음

정기 휴무 연중무휴, 내부 시설은 시설별로 다름

요리토모와 인연이 있는
사스케 이나리 신사

앞에도 잠시 등장했지만 우선 미나모토노 요리토모라는 인물을 간단히 짚고 넘어가 보자. 미나모토노 요리토모는 헤이안 시대 말기부터 가마쿠라 시대 초기의 장군이자 정치가인 동시의 가마쿠라 막부의 정이대장군이다. 막부의 본거지를 가마쿠라로 정한 것도 그다. 그에 의해 시작된 일본의 무가 정치는 약 700년 동안 이어져 메이지 유신에 이르렀다고 한다.

가마쿠라시 사스케의 사스케 이나리 신사는 미나모토노 요리토모의 꿈에 나타나 헤이케 토벌을 권했다는 이나리 신의 사당이 있던 땅이다. 요리토모는 후에 막부를 열고 하타케야마 시게타다에게 명령하여 사당을 찾은 후 이나리 신사를 재건했다고 한다. 요리토모는 젊었을 적 병위좌兵衛佐(율령제 관사 중 하나, 궁궐을 지키는 병위부의 차관)였기 때문에 스케도노佐殿라고도 불리는데, 그런 스케도노를 도운 신이라서 '사스케佐助 이나리'라는 이름이 붙었다고 한다. 사스케 이나리 신사는 요리토모가 이후 정이대장군 자리까지 올랐기에 '출세의 이나리'라고도 불리며 많은 사람이 따르게 찾게 되었다.

한적한 주택가 안쪽에 자리한 제니아라이벤텐과 가마쿠라 대불 중간쯤 있는 곳에 있는 사스케 이나리 신사는 비주얼적으로 독특한 매력이 있다. 붉은 도리이가 수없이 이어져 있으며 도리이 아래 대조적으로 흰 여우상이 놓여 있기 때문이다. 돌에 낀 이끼가 어우러져 신비로운 느낌마저 준다. 오랫동안 쓰루오카 하치만구의 말사(본사에 부속된 신사)였던 이곳은 메이지 42년(1909년), 별도로 독립하게 되었다고 한다.

이 사스케 이나리 신사 곳곳에는 한 쌍의 흰 여우상이 놓여 있는데 그 유래는 다음과 같다. 옛날 사스케가야에 살고 있던 한 남자가 아이에게 괴롭힘당하는 새끼 여우를 구했다. 그러자 그 보답인지 꿈에 어미 여우가 나타나 나쁜 병이 유행할 것이라고 알리며 약재 봉투를 남기고 갔다

나 보다. 다음 날 일어나 보니 머리맡에 약재가 있었는데, 이 사람은 이 약으로 많은 사람의 병을 낫게 하였다고 한다. 그리고 이것이 사스케 이나리의 은혜라고 생각한 남자는 사스케 이나리 신사에 참배할 것을 사람들에게 권했단다. 그 말을 들은 사람들은 한 쌍의 흰 여우상을 바치며 소원을 빌게 되었고 그 덕에 이렇게 흰 여우상이 사당 내를 빼곡하게 메우게 되었다고 한다.

솔직히 사당이 그렇게 넓지는 않지만, 규모에 비해 분위기가 무척 신비로운 곳이라서 이곳도 가마쿠라에 오면 꼭 들르는 곳 중 하나다. 꼭 이곳의 이나리 여우에게 홀린 것처럼 발길이 저절로 향하게 된다.

완만하고 폭이 넓은 축축한 계단을 성큼성큼 내려가 다시 주택가로 내려갔다. 그리고 드디어 다음 목적지인 제니아라이벤텐으로 향하려는데 갑자기 누가 나에게 말을 걸었고 정신이 확 들었다.

"店内で召し上がられま
すか？"(점내에서 드시고 가
실 건가요?)

"はい？ はい…。"(네? 네….)

이나리 여우의 요술인지 기
묘하게도 나는 한 카페에 들어
가 있었다. 분명 제니아라이벤텐에 가려고 마음을 먹고 있었는데 말이
다. 가마쿠라에 와서 무작정 걷고 본 탓에 몸이 지쳤다고 신호를 보낸 듯
했다. 정신을 차리고 보니 메뉴판이 눈앞에 놓여 있었고 또 정신을 차리
고 보니 커피와 핫케이크를 시킨 후였다. 참 기가 막힐 일이다.

이곳의 핫케이크는 인근에 있는 사스케 이나리 신사에서 모티브를 얻
어온 것인지, 핫케이크 위에 여우 모양을 찍어서 제공한다. 다만 핫케이
크가 450엔인데 커피가 550엔이어서 내가 보기에는 가격 설정이 조금
이상해 보였다. 이런 걸 두고 배보다 배꼽이 더 크다고 하나?

사스케 이나리 신사 佐助稲荷神社

주소 神奈川県鎌倉市佐助2丁目22-12

운영시간 24시간 개방

입장료 없음

정기 휴무 연중무휴

돈을 씻으면 재산이 불어난다고?!
제니아라이벤텐

사실 이번 가마쿠라 여행에서 가장 가고 싶었던 곳이 바로 제니아라이 벤텐이었다. 돈을 싫어한다고 공언하는 사람이 있다면 그 사람은 누구보다 돈을 좋아하는 사람이라는 우스갯소리처럼 돈을 싫어하는 사람은 없다. 제니아라이벤텐 우가후쿠 신사, 이곳에서 돈을 씻으면 돈이 불어난다는 전설이 있다. 제니아라이錢洗い는 '돈을 씻다'라는 뜻이다. 그래서인지 국적을 불문하고 수많은 사람이 이곳을 찾아 돈을 씻어 간다.

마지막으로 온 것이 4년 전이었고 그때는 약 3~4년 차 번역가였는데 일이 많다고 하기에는 조금 애매했고 심지어 3년 차 때는 주거래처 한 곳과 거래가 끊기는 바람에 벌이가 조금 불안정해졌다. 그래서 간절한 마음을 담아 나도 여기서 돈을 씻었고 심지어 돈이 없어서 동전을 씻어서 당시 가지고 다니던 부적에 넣어 다녔었다. 다행히 그때 이후로 일들이 술술 풀리기 시작해서 나는 이 제니아라이벤텐을 무한 신뢰하는 사람이 되어 버렸다.

출국 전에 윤정 작가님의 책『한 달의 홋카이도』북 토크에 다녀왔는데 그 뒤풀이 자리에서 제니아라이벤텐이 영험해서 꼭 들러서 돈을 씻을 예정이라고 얘기했더니 그 자리에 있던 사람들이 모두 갑자기 주머니를 뒤적이기 시작했다. 나는 그냥 아무 생각 없이 안주나 뜯고 있다가 갑자기 쑥쑥 튀어나오는 지폐들을 보고 너무 웃겨서 의자를 치며 웃어 버렸다. 그래서 부탁받아서 대리로 씻어 주기로 한 돈들까지 소중히 챙겨왔다. 이제 남은 것은 돈을 씻는 일뿐.

돈도 그냥 씻는 것이 아니고 제니아라이벤텐 내부에서 양초와 선향, 소쿠리를 200엔 주고 받아와서 불이 붙은 큰 양초에 있는 불을 작은 양초에 옮겨 붙인 후 비어 있는 공간에 꽂고, 그 큰 양초에 있는 불을 다시 선향에 옮겨 붙여 향들이 꽂혀 있는 향로에 꽂아 둔다. 마지막으로 벤자이텐弁才天(인도의 여신 사라스와티에서 기원한 학문과 예술을 관장하는 신으로 칠복신 중 하나이다)이 모셔져 있는 안쪽의 오쿠미야奧宮로 들어가 본격적으로 돈을 씻으면 된다. 소쿠리에 씻을 돈을 담고 내부에 놓인 작은 국자로 물을 퍼서 돈에 끼얹으면 끝이다. 안내문에 따르면 씻은 돈은 '유익한 곳에 쓰라'라고 되어 있다.

한국에서부터 돈을 씻기로 벼르고 온 데다 그 돈들이 지폐이기 때문에 난 미리 지퍼백을 준비해 가지고 갔다. 내가 나올 때

쯤, 나와 마찬가지로 자국의 지폐를 씻은 외국인들이 파닥거리며 열심히 지폐 말리는 것을 보았는데 그걸 보는 순간 조금 웃기고 슬펐다.

난 이미 돈을 지퍼백에 깔끔하게 담아서 넣어서 저렇게 인간 프로펠러가 될 일은 없었으니까…. 대체 얼마나 돈을 씻기 위해 벼르고 온 것일까. 하지만 나만큼 이 제니아라이벤텐에 진심인 사람은 또 없어 보였다.

그리고서 생각지도 못한 일이 생겼다. 3일 후쯤 나에게 처음 보는 이메일 주소로 메일이 한 통 왔는데, 그 내용은 다음과 같았다. 내가 기존에 함께 작업하던 출판사에서 계시던 편집자님이 이번에 일을 그만두시면서 다른 출판사에 취직하셨는데, 내 작업 속도나 퀄리티가 마음에 들어서 다시 같이 일해보고 싶어서 연락하신다는 내용이었다. 참 감사한 일이었다. 그리고 나의 제니아라이벤텐 신뢰도는 또 한 단계 상승했다.

가마쿠라에 가면 꼭 가봐야 하는 곳이 어디냐고 누군가가 나에게 묻는다면 웃으면서 '제니아라이벤텐은 아주 영험한 곳'이라고 강력하게 추천할 것 같다.

제니아라이벤텐 우가후쿠 신사 錢洗弁財天宇賀福神社

주소 **鎌倉市佐助**2-25-16

운영시간 08:00~16:30

입장료 **없음**(안에서 양초와 선향 소쿠리 등을 별도 구매)

정기 휴무 **없음**

인자한 가마쿠라 대불과
하세데라

제니아라이벤텐에서 가마쿠라 대불까지는 조금 멀지만 아주 못 걸어 갈 거리는 아니었고 대중교통을 이용하자니 상당히 까다로운 경로가 그냥 걸어가기로 했다. 길 구석구석 빼꼼히 고개를 내민 야생초들을 바라보면서 터널을 지나 터벅터벅 걷다 보면 동그스름한 두상이 보인다. 그럼 비로소 가마쿠라에 왔다는 느낌을 강렬하게 받고는 한다. 저 대불이 있는 곳이 가마쿠라를 상징하는 대표적인 명소이기 때문이겠지.

엄청난 웅장함을 자랑하는 이 청동 대불은 높이가 11.3m이고 무게는 121톤에 달한다. 나라 도다이지에 있는 대불상 다음으로 높이가 높은 대불상이라나 보다. 정확히는 '아미타여래좌상'이며 나라현 도다이지의 대불, 다카오카 즈이류지의 대불과 더불어 일본의 3대 불상으로 손꼽힌다. 원래 만들 당시에는 목조상이었으나 태풍으로 불전과 함께 파괴되었다가 1252년 다시 청동으로 제작한 것(추정이다)이 지금까지 이어져 내려온다.

워킹홀리데이 시절에 왔을 때는 하필 비가 온 직후여서 축축해진 모습밖에 못 뵈었지만, 오늘은 맑은 가을 하늘 아래 보송보송한 모습이어서 그런지 대불의 표정도 밝아 보였다. 평일인데도 외국인 관광객을 비롯한 관광객들이 많았다.

그리 넓지 않아서 복닥복닥한 경내에 들어가서 한참 사진을 찍는데 대불 뒤에 웬 구멍이 있는 것이 보였다. 전에는 이곳을 통해 대불 속에 들어갈 수도 있었다는 모양이다. 그 요금은 단돈 20엔이었다는데, 그마저도 자유여서 개인의 양심에 맡겼다고 한다. 하지만 지금은 아무도 들어가지 않는 걸 보아 아마 이제는 불가능한 모양이다. 조금 아쉽다.

이곳에서 가장 가까운 역은 하세역이다. 하세역 인근에는 하세데라가 있어서 계획에 없었지만 바로 에노시마에 가기에는 조금 아쉬운 마음이 들어서 하세데라에도 들르게 되었다. 전에 왔을 때는 하세데라에 들르지

않아서 하세데라의 당시 입장료는 모르겠지만, 대불은 전에 마지막으로 왔을 때 200엔이었는데 300엔으로 가격이 올라 있었다. 하세데라는 그보다 더 비싼 400엔이어서 대불보다 더 비쌀 정도라면 뭔가 이곳만의 매력이 있는 걸까 했는데 경내로 들어가 보니 바로 납득할 수 있었다.

이곳에는 엄청나게 큰 관음상이 있는 데다 수많은 불상이 있고 가마쿠라의 풍경을 한눈에 조망할 수 있는 전망 구역도 있다. 사실상 대불보다 볼거리가 다양해서 이곳에 오길 잘했다는 생각이 들었다. 게다가 에노덴 1일 무제한 이용권 노리오리 군(2023년 기준 800엔)을 가지고 있다면 하세데라에 제시 후 소정의 기념품을 받을 수 있다고 한다. 아무래도 후기를 보니 작은 클리어 파일인 듯하다. 나는 하세데라를 나와 하세역에서야 노리오리 군을 구매했기 때문에 이것을 받지 못해서 아쉬웠다.

이곳에 있는 관음보살은 높이 9.18m에 달하는 일본 최대급의 목조 불

상이며 머리 위에 11개의 얼굴
이 있어 십일면관음이라 불린다
고 한다. 아무래도 목조다 보니
습기에 약할 수밖에 없는데 나
중에 바에서 '하세데라에 갔다'
라고 했더니 야마모토 씨가 추
가로 설명해 주시길 특수한 용액을 발라서 보존 처리한다고 한다.

관음보살뿐 아니라 내부에는 지장당地蔵堂(이 지장당에는 수많은 지장
이 늘어서 있어 천체千体 지장이라고 불린다)과 벤자이굴, 나고미 지장
등의 다양한 볼거리들이 있다. 하세데라는 절 자체가 잘 꾸며져 있어 눈
과 마음이 즐거운 곳이다.

가마쿠라 대불 鎌倉大仏

주소 神奈川県鎌倉市長谷 4丁目 2-28

운영시간 4월~9월 - 08:00~17:30, 10월~3월 - 08:00~17:00

입장료 초등생 150엔, 성인 300엔

정기 휴무 없음

가마쿠라 하세데라 鎌倉 長谷寺

주소 神奈川県鎌倉市長谷 3-11-2

운영시간 7월~3월 - 08:00~16:30, 4월~6월 - 08:00~17:00

입장료 초등생 200엔, 성인 400엔

정기 휴무 없음

에노시마 전철,
에노덴

에노시마 전철, 줄여서 에노덴은 내 로망이다. 에노덴을 타고 아무 이유 없이 고쿠라쿠지역에 내리는 것은 단연 좋아하는 게임 중 하나인 '머나먼 시공 속에서 3'의 영향 때문이라고 해도 과언이 아니다. 게임의 주인공과 주인공의 소꿉친구인 공략 캐릭터 형제가 가마쿠라에 산다는 설정인데, 그 형제들이 산다는 역이 바로 이 고쿠라쿠지역이어서 게임 내 배경으로 자주 등장한다. 어차피 노리오리 군은 몇 번을 타고 내리든 무제한으로 이용할 수 있기에 내려서 인증샷을 찍고 가기로 했다. 에노덴

은 상하행선 모두 12분 간격으로 다니는데 그 기다림조차도 감수할 만큼 오랜만에 고쿠라쿠지를 보겠다는 의욕이 컸다.

그런데 대체 고쿠라쿠지역

에 또 뭐가 있는 건지 나 말고도 이 역을 점찍은 선객이 있었다. 그것도 정확히 나와 비슷하게 빨간색 우체통이 있는 역 앞부분에 포커스를 두고 사진을 찍으셨다. 오타쿠의 눈으로 보기에는 이분들도 성지순례 중인 오타쿠임이 분명해 보였다. 두 여자분은 한참을 고쿠라쿠지역 앞에서 사진을 찍고 패션쇼를 벌이더니 유유히 떠나가 버렸다.

너무 궁금해서 나중에 찾아보니 이곳은 영화 〈바닷마을 다이어리〉의 촬영지로도 알려져 있다고 한다. 아마 두 분은 그 영화의 팬이 아니었을까? 아마 그분들은 나도 바닷마을 다이어리의 팬인 줄 알았을 것 같다. 하지만 나는 저분들이 머나먼 시공 속에서 팬일 거라고는 눈곱만큼도 생각하지 않았다. 왜냐하면 우리 장르는 흔히 말하는 아는 사람만 아는 작품이고 닌텐도 스위치 같은 최신 게임기로 이식이 되지 않은 지 오래돼서 인지도가 더더욱 떨어지기 때문이다. 팬이 아닌 이상 군이 단종된 게

임기의 게임을 찾아서 하는 사람은 많지 않겠지…. 아야야. 갑자기 뼈가 아프다. 짧은 사진 촬영을 마치고 다시 에노덴을 타고 가마쿠라코코마에로 이동했다.

아마 애니메이션을 조금이라도 본 사람이라면 이곳이 뭐 하는 곳인지 딱 알 것 같다. 최근까지 엄청난 인기를 끈 만화 〈슬램덩크〉의 성지이기 때문이다. 정확히는 슬램덩크 오프닝에 나오는 곳이 이 가마쿠라코코마에역이다. 아무래도 슬램덩크가 중국, 한국을 비롯한 수많은 나라에서 인기를 누렸다 보니 사방에서 다양한 언어가 들렸다. 들리는 건 50%가 중국어, 20%가 일본어, 30%가 한국어였다. 잠깐 내가 귀국을 했던가? 하는 착각이 들 정도로 한국인이 많았다. 슬램덩크의 인기가 그만큼 어마어마하다는 뜻이겠지.

슬램덩크의 성지만 보고 가는 게 아니라 건널목을 건너가면 아주 멋

진 해변이 있다. 바로 시치리가하마 해변인데 사실 나도 이곳에 가본 것은 이번이 처음이었다. 서퍼들이 즐겨 찾는 서핑의 명소이기도 하다는데 눈으로 보기만 해도 상당히 아름다운 해변이었다. 푸른 하늘과 베이지색 모래, 그 위를 성큼성큼 걷다가 고개를 들어 보니 저 멀찍이 에노시마가 보였다. 안개가 낀 것인지 약간 희뿌예 보이는 게 꼭 최종 보스가 있는 탑 같았다. 나의 최종 목표도 바로 저곳이다.

슬슬 해가 저물어 가는 느낌이 들어서 후다닥 정신을 챙겨서 다시 에노덴을 타고 에노시마로 향했다. 가마쿠라코코마에부터 에노시마까지는 단 두 정거장, 하지만 다들 생각하는 것이 비슷해서인지 나와 비슷한 시간대에 에노시마로 가려는 사람이 많았다. 에노시마는 비교적 높은 곳이어서 석양을 보기에 최적화된 곳이기 때문이다.

울 수 없는 새 에노피코와
에노시마 신사

에노시마 역에 내리면 귀여운 새들이 있다. 에노피코라는 이름의 이 새들은 2022년 12월부터 귀여운 옷을 입고 있는데, 에노덴 개업 120주년 이벤트로 에노덴 연선 신문사에서 개최한 '에노피코 뜨개 그랑프리'의 응모작을 순서대로 입히는 것이란다. 아마 내가 다음에 올 때쯤에는 또 다른 옷을 입고 있겠지. 이런 소소한 매력이 있는 에노시마가 나는 참 좋다.

석양을 보려면 에노시마 신사까지 가야 했는데 그러려면 에노시마역에서 내려 한참을 걸어야 한다. 다행히 표지판이 충실하게 갖춰져 있고 나도 이미 와 본 길이라서 길을 잃을 염려는 없었지만 가장 걱정스러운 것은 바로 '계단'이었다.

에노시마 신사는 계단이 총 세 구역으로 나뉘어 있고 에스컬레이터가 있지만 그걸 이용하려면 360엔이라는 결코 저렴하지 않은 비용을 내야 한다. 참고로 700엔을 주면 정상에 있는 아일랜드 타워까지 입장할 수 있지만 나는 빠르게 머리를 굴렸다.

'계단으로 올라가야지만 보이는 무언가가 있지 않을까…'

결국 내 다리를 믿겠다며 학처럼 길게 다리를 뻗어 성큼성큼 올라갔다. 그냥 해가 질 것 같아서 빠르게 올라가려고 했을 뿐인데, 얼마 뒤 뒤에서 이런 말이 들렸다.

"えっ、めっちゃすごい人がいる!"(헉, 엄청 굉장한 사람이 있는데?)

그 말을 듣자마자 너무 웃겨서 힘이 빠졌다. 그 굉장한 사람(= 나)은 겨우 한 구역 가서 체력이 소진되는 바람에 헉헉거리고 있었다.

하지만 끝끝내 허세를 부려가며 선두를 차지, 정상까지 올라갔다. 그렇게 힘들지만 힘들지 않게 올라간 정상, 하늘이 너무 예뻐서 석양도 더 예쁠 것으로 기대했는데 기대만은 못했지만 무척 아름다웠다. 나중에는 구름에 가려서 석양이 잘 보이지 않아서 아쉽긴 했지만 말이다.

급하게 올라온 만큼 주변을 둘러볼 여유가 없었는데 비로소 주변을 둘러보니 외국인 네 명이 사진을 찍으려 하고 있었다. 물론 사진을 찍는 사람이 하나는 있어야 하기에 자꾸 친구가 한 명씩 빠진 채로 사진을 찍길래 답답해서 짧은 영어로 이렇게 말했다.

"Together, Take a picture."

그리고 제스처로 다 같이 서보라고 했더니 외국인들이 "Oh, Thank

you!" 하고 같이 서면서 휴대폰을 건네주었다. 그렇게 서로 훈훈하게 웃으며 거기서 끝나는 줄 알았는데…. 내 문장형조차도 아닌 영어를 듣고 무슨 착각을 한 건지 자꾸 영어로 말을 걸어서 이게 무슨 일인가 싶었다. 일단 들리는 대로 대답했지만 아무래도 서로 소통이 잘 안되다 보니 분위기가 어색해졌다. 하지만 뭐 어떤가. 그들과 내가 서로 다른 언어권이라는 건 그들도 알고 나도 알고 모두가 아는 사실인데. 대신 그들은 나중에 여행을 추억하며 사진을 정리할 때 이렇게 말하겠지.

"이 사진, 영어 정말 못하던 외국인이 찍어준 거야!"

Bye-bye 정도는 물론 할 수 있기에 짧은 인사를 남기고 외국인들과 헤어진 나는 정상에서 파는 타코센베를 먹었다. 문어를 납작하게 압축해 놓은 것처럼 생긴 이 센베는 무척 얇은 것이 비주얼은 꼭 우리나라의 한지를 보는 것 같다. 갓 구운 것을 먹으면 따뜻하면서도 바삭하고 짭조름

한 것이 맥주 안주로 먹으면 딱 맞겠다는 생각을 했다. 맥주 안주로 먹기 위해 챙겨 가기에는 내구성이 너무나도 떨어져서 그 자리에서 다 먹어 치우긴 했지만 말이다.

시간이 더 늦으면 기념품 가게마저도 문을 닫아 버리는데 다행히 기념품 가게가 영업하는 시간대여서 가마쿠라 하이볼과 캔으로 된 가마쿠라 맥주와 가마쿠라 사이다를 사서 호텔로 돌아왔다. 사실은 병에 든 가마쿠라 맥주를 사보고 싶었는데, 병따개가 있어야만 딸 수 있었고 이 짧은 여행에 병따개까지 사기는 조금 애매하단 생각이 들어서 이번에는 내려 두었다. 아마 다음 여행 때는 병따개를 챙겨 갈 것이다. 돈을 씻기 위해 지퍼백을 챙겨 갔던 것처럼 맥주를 먹기 위해 병따개를 챙겨 가는 준비된 사람이 되어야겠다고 생각했다. 사실은 일본 현지의 100엔 숍에서 사면 간단하겠지만 말이다.

에노시마 신사 江島神社

주소 神奈川県藤沢市江の島2丁目3番8号

운영시간 08:30~17:00(내부 시설별로 다름)

입장료 내부 시설 이용 비용 있음

정기 휴무 **없음**

요코하마에서 보내는 편지 2
단비 님에게

단비 님은 워킹홀리데이 때 처음 알게 된 분인데 아키하바라에서 열린 '머나먼 시공 속에서' 전시회에서 친구와 얘기 중이었던 나에게 단비 님이 말을 걸면서 인연이 시작됐던 걸로 기억한다. 서로 같은 걸 좋아하고 하는 일도 비슷해서 공통점이 많은 분이다.

단비 님에게

안녕하세요, 단비 님! 저는 10월 2일 가마쿠라에서 이 편지를 쓰고 싶었지만 (반전) 클라이언트의 갑작스러운 연락으로 호텔에서 쓰고 있습니다. 대신 가마쿠라와 에노시마에 다녀온 날에 요코하마에서 쓰고 있으니 네오로망스(게임 회사 코에이의 여성향 게임 개발 파트 루비파티가 개발한 여성향 게임 시리즈들을 네오로망스라고 한다)의 기운이 함께하리라…. 주신 입욕제들 잘 쓰고 있어요. 제가 과일향 좋아한다는 걸 기억하고 주신 건지 다 상큼해서 너무 좋습니다. 늘 마음 써 주시고 배려해 주시는 덕에 저의 덕질 라이프도 더 풍요로워지는 것 같아요. 저는 좋은 사람에게는 좋은 일이 생긴다는 설을 믿는 편이라서 단비 님께 앞으로 좋은 일이 가득하길 바랍니다. 엽서는 에노시마의 매점에서 샀습니다. 어디서 소꿉친구 형제와 등교하는 노조미가 보이는 듯 아닌 듯. 흑흑… 오늘 가서 '머나먼 시공 속에서 3' 뽑도 제대로 차서 왔네요. 네오로망스가 이식 및 신작 소식을 전해 주길 기원하며… 이만 줄이겠습니다. 뾰로롱♡

4장

10월의 요코하마

잉글리시 가든과 아소비루와 생일

10월은 메인으로 생각한 '옥토버페스트'가 있는 달이다. 8일쯤에는 불꽃놀이 이벤트를 비롯해 다른 행사가 있었는데 하필 비가 오는 바람에 등을 바다에 띄워 보낸다는 내용의 한 가지 이벤트가 취소되었고 많은 아쉬움 끝에 다른 것을 하면서 허전함을 달랬다. 10월에는 친구가 와서 하룻밤을 호텔에서 함께 보냈고 크루즈를 타기도 하면서 요코하마의 일상을 그 누구보다도 즐겼던 것 같다.

요코하마 잉글리시 가든에 다녀왔다. 참고로 아소뷰라는 사이트를 통해 예약하고 가면 몇백 엔 정도 싸게 갈 수 있다. 예약하고 방문하면 700엔에 입장할 수 있다. 미리 알았더라면 좋았을 것을, 이걸 몰랐던 탓에 1,200엔을 고스란히 내고 입장했다. 내부가 상당히 넓은 산케이엔의 입장료가 900엔임을 생각하면 상당히 비싼 가격이다. 들어가자마자 시즌 가격제를 도입해야 하지 않을까 싶었던 것이, 이 시즌에는 핀 꽃이 많지

않았다. 봄이나 여름에는 꽃이 다양하게 피지만 가을이나 겨울에는 아무래도 상대적으로 피는 꽃의 종류가 다양하지 않고 핼러윈 시즌이다 보니 핼러윈 시즌에 맞춘 장식에만 충실했다. 그래서 콘셉트에 맞춰 사진을 찍으러 오신 분이 많았다. 가족 단위로 온 사람, 친구와 온 사람…. 나는 물론 나와 논다. 봄의 장미나 여름의 수국 시즌에 오면 예쁠 텐데 내가 갔을 때는 꽃은 별로 볼 것이 없었다.

대신 감이 너무 탐스럽게 익어 있길래

'이 감…. 정말 잘 익었다.'

이렇게 생각하면서 열매를 한참 바라보는데 뒤에서 이런 말이 들렸다.

"이거 감 같지만 감이 아니잖아."

'응? 그럼 뭔데요?!'

그럼 대체 뭐란 말이지? 나중에 검색해 보니 '피라칸타'라는 식물인 것 같다. 조금 실망해서 나오는데 이곳에 송영 버스가 있다는 안내판이 눈에 들어왔다. 공짜로 요코하마역까지 데려다준다길래 갑자기 기분이 좋아졌다. 왜냐하면 올 때는 버스를 타고 왔는데 버스는 무조건 220엔을 내야 한다. 한 정거장을 타든, 몇 정거장을 타든 요금은 같다. 하지만 요

코하마역에서 JR을 타고 간나이역으로 가면 조금 시간은 걸리겠지만 IC 카드로 176엔 정도밖에 들지 않는다. 게다가 요코하마역에도 볼거리가 있으니 조금 놀다가 들어가면 되겠구나 싶어 잘됐구나 하며 기다렸다.

시간이 되자 버스가 오기는 왔다. 그런데 기사 아저씨가 창문을 열더니 나에게 계속 뭐라고 하시는 거였다.

"네? 네?"

"여기가 아니에요!"

대충 여기서 타는 게 아닌데 그럼 어디서 타는 것인지 설명을 해도 높이가 다르다 보니 잘 들리질 않아서 이해를 못 하고 있었다. 그랬더니 그냥 창문을 닫고 가 버리시는 게 아닌가. 그 순간 헉 싶어서 바로 헐레벌떡 버스를 쫓아갔는데 다행히 나를 버리신 건 아니었다.

조금 떨어진 곳에 있는 정류장에서 내가 올 때까지 기다려 주신 덕에 같이 타고 갈 수 있었다. 그렇게 송영 버스를 타고 이동해 요코하마에 떨궈진 나는 미리 검색을 통해 알아본 '아소비루'라는 곳에 가보기로 했다. 아소비루의 공식 소개로는 층마다 색다른 재미를 선사하는 신개념

놀이터라는데 2층은 닫혀 있었고, 3층도 거의 손님이 없었던 데다 1층은 사실 역 이용 때문에 지나다니는 사람이 대부분이었다. 그리고 음식점이어서 그다지 배가 고프지 않았던 내가 이용하기에는 애매했다.

결국 구경하거나 즐길 만한 거리가 딱히 없어서 실망만 느꼈고 맥이 빠지는 느낌이었다. 분명 추천 사이트에서 추천을 받고 힘겹게 물어물

어 찾아온 곳인데, 굉장히 실망이 컸다. 오늘은 다 망한 날이구나. 너무 실망한 나머지 돌아오는 길에 맛있는 디저트 가게에 들러서 잘 먹지 않던 디저트를 주문해서 먹었다. 과일이 듬뿍 든 게 아주 맛있었다. 먹다가 이런 생각이 들었다. 이것 말고는 기분 좋다고 할 만한 일이 하나도 없네.

하지만 이런 날도 있을 수 있다. 요코하마 잉글리시 가든은 이제 가을과 겨울에는 안 갈 것이고 아소비루도 한동안은 안 갈 것 같고, 이제 아소비루가 있다는 남동쪽 출구가 어딘지도 대강은 알았다. 단 걸 먹으면 기분이 잠깐 좋아진다는 걸 느꼈으니 오늘 깨달은 건 많지 않은가. 이건 일을 하라는 하늘의 계시가 아닐까 해서 일찌감치 모든 걸 접고 호텔로 들어왔다. 모든 날이 빛날 수는 없다. 가끔 먹구름이 끼기에 햇빛이 더 찬란하게 느껴지는 것이다. 내일은 더 밝고 즐거운 날이 되면 좋겠다.

그다음 날은 내 생일이었다. 원래 생일을 일본에서 보내고 싶어서 9월 말에 일본에 온 것이었다. 9월 말이 추석이었기 때문에 복잡할 것으로 예상하고 그보다 한 주 앞서 출발한 것인데, 정작 당일에는 추적추적 비가 내렸다. 심지어 한국 역시 비가 왔다고 한다. 정말 하늘도 무심하시구나 싶었다. 비가 오는 것을 싫어하지는 않는다. 하지만 사진이 예쁘게 찍히지 않는 데다가 밖에 나가 제대로 즐기고 오겠다고 벼르고 있는 상황에 비가 오는 것은 아무도 반기지 않을 것이다. 심지어 외부에서 하는 행사 같은 것은 비가 오면 다 접어 버리기 때문에 볼 수 없다. 어제 긴 먹구름은 아직 걷히지 않은 듯했다.

하지만 곧 생각을 바꿨다. 큰 행복으로 오늘 하루를 장식하기보다 소소한 행복으로 꽉 채워 보자는 것이었다. 그래서 일단 좋아하는 마쓰야의 아침 정식으로 스타트를 끊었다. 참 이상하다. 축 처진 기분이 고작 450엔짜리 아침 정식으로 나아질 수 있다니 말이다. 여담으로 내 지인분은 생일에 마쓰야 정식을 먹었다는 말을 듣고는 앞으로 마쓰야 정식을 '소얼 님 생일 정식(소얼은 내 필명이다)'으로 부르겠다고 하셨다. 그 말을 듣고 또 한참 웃었다.

오랜만에 도쿄 쪽으로 나가 보기로 했다. 아주 좋아하는 BL 작품 중 하나인 '기븐'이 서점에서 팝업 스토어를 연다는 소식을 접한 것이다. 서점은 실내이니 비가 와도 구경할 수 있고 마침 출판사에서 책 작업 의뢰가 들어와 책을 구매하러 서점에 가야 했다. 앞서 잠시 언급했지만 출판 번역 일을 하는 나는 일부 출판사에서 일감을 택배로 받고 있는데, 일본에 있는 동안은 택배를 받기 어려워서 일본에서 책을 직접 사서 하기로 합의(?)를 보고 왔다.

"어디 CCTV가 있나? 내가 도쿄 가는 거 어떻게 아셨지?"

내가 있는 호텔 부근에는 사실 서점이 많지 않은데 어떻게 딱 내가 도쿄에 가는 날 연락이 왔는지 신기했다. 편집부에서 보내준 책 제목과 작가명, 출판사명 등의 정보를 가지고 게이힌토호쿠선에 몸을 실었다. 간나이에서 신주쿠로 가려면 우선 게이힌토호쿠선을 탔다가 시나가와쯤에서 야마노테선으로 갈아타고 다시 이동해야 했다. 교통비도 편도 659엔이 드는 어마어마한 대장정이었다. 생일이 아니었다면 결코 이런 사

치(?)를 부리지 않았을 것이라고 생각했다. 참고로 요코하마에서의 나는 전철로 두세 정거장 정도는 걸어서 다닐 수 있다는 지론을 밀어붙이는 다소 과격한 타입이다.

비 내리는 혼잡한 신주쿠 거리를 걸어 팝업 스토어가 열리는 기노쿠니야 서점으로 갔다. 오랜만에 가슴이 두근거리기 시작했다. 이런 이벤트에 참석하는 것이 참 오랜만인 탓도 있었지만 그만큼 좋아하는 작품이었기 때문이다. 등신대 패널이 세워져 있었고 수많은 굿즈들과 더불어 책들이 진열되어 있었다. 이 숍의 판매용 굿즈 중에 인형이 있었다.

BL에는 공수(최대한 순화하자면 관계에서 공은 덮치는 사람이고 수는 깔리는 사람이다)라는 것이 있고 일반적으로 공 캐릭터는 왼쪽에 수 캐릭터는 오른쪽에 두는데, 그 인형조차도 커플링에 맞춰서 매달아 놓은 점이 매우 흥미로웠다. 심지어 삼각관계인 커플링은(A가 B를 짝사랑하고 B가 C와 사귀다가 헤어졌다) B를 A와 C 가운데 두었다. 그들의 프로 정신에 나는 속으로 박수를 쳤다. 일반 책을 판매하는 곳을 비우고 공간을 내서 연 거라 그렇게 넓지는 않았지만 그런 프로 정신이 돋보인 덕인지 제법 볼거리는 알찼던 것 같다.

대충 팝업 스토어에서 쇼핑을 하고 의뢰받은 만화책을 사러 8층으로 향했다. 이벤트 코너가 1층에 있었을 뿐, 원래 만화 코너는 8층에 있어서

엘리베이터를 타고 이동해야 했다. 8층에 내려서 검색해 보니 다행히 재고가 있어서 한 번에 책을 구매할 수 있었다. 갑자기 워킹홀리데이 때의 굴욕이 떠올랐다. 워킹홀리데이 때도 번역가였지만 그때는 성인향 로맨스 소설인 TL 소설을 번역했기 때문에 제목들이 하나같이 자극적이었다. 책 제목도 이상야릇한데 꼭 재고가 없어서 직원에게 '이 책 구할 수 있느냐'라고 물었다가 직원이 책 제목을 복창하는 바람에 얼굴이 화끈했던 기억이 있다. 제목이 '수줍은 새신부의 첫날 밤 사정', '음흉한 남작님의 청혼' 같은 것만 아니었다면 나도 고개를 들 수 있었을 텐데.

MSG가 듬뿍 들어간 그 제목들은 지금 봐도 참 매운데 그걸 어떻게 현실의 서점에서 찾아다녔는지 모르겠다. 다행히 현대 문물의 도입으로 이 서점에는 '무인 계산기'라는 것이 있었고 나는 누구보다 빠르게 원하는 책을 무인 계산으로 구매하여 조용히 서점을 나올 수 있었다. 누가 보면 조심스러운 발동작과 주변을 두리번거리는 시선 탓에 도둑인 줄 알았을 것 같다. 실상은 그냥 BL 만화책 사는 번역가다.

점심은 신주쿠에서 그렇게 멀지는 않은 가구라자카에서 먹기로 했다. 가구라자카는 내가 도쿄에서 가장 좋아하는 곳이다. 구글에서 가구라자카 런치 추천을 검색해서 가장 마음에 드는 곳으로 갔다. 가게 이름은 하나카구라, 정갈한 정식이 매력적인 곳이었다. 시간대가 애매한 데다 만석이어서 처음에는 사장님이 안내하길 망설이셨다. 라스트 오더 시간에 맞출 수 있을까 싶으셨던 것 같다.

"혹시 카운터 자리라도 괜찮으시다면…."

다행히 사장님이 조금 불편한 자리라면서 안내한 자리는 말처럼 그렇게 불편하지 않았다. 음식도 아주 깔끔하니 맛있었고 말이다. 먹는 속도가 느린 편은 아니라서 오히려 나보다 일찍 들어온 손님보다 빨리 먹고 나오면서 인사를 드렸다.

"감사합니다. 잘 먹었어요."

"감사합니다. 또 와주세요."

밖으로 나와 보니 부슬부슬 내리던 비가 어느덧 내리는 듯 마는 듯했다. 비도 금방 그칠 것 같고 나를 가게에 들여준 식당 사장님의 소소한 배려 덕인지 조금 더 기분이 좋아졌다.

가구라자카에 가면 꼭 들르는 곳이 바로 젠코쿠지와 문방구인 소마야다. 소마야는 원고용지의 노포이며 에도 시대 때부터 가구라자카를 지켜온 종

이상이라고 한다. 지금은 세월의 흐름에 맞춰 문방구라는 형태로 남았지만 메이지 시절에는 수많은 문호가 이곳을 즐겨 찾았다고 한다.

가게 안으로 들어가면 실제 문호들의 작품과 원고지가 함께 진열된 공간도 있다. 소마야는 사실 부정기적으로 닫는 경우가 많아서 열었을 때 가야 한다는 욕심 때문에 매번 들르게 되는 것 같다. 만약 젠코쿠지 맞은편에 있는 하얀 간판의 문방구가 영업 중이라면 당신은 운이 좋은 것이니 꼭 한 번 들러보시길. 도쿄에 살 적에도 소마야가 하도 문을 자주 닫는 바람에 허탕을 치는 일이 허다했다. 원래 소마야는 쭉 돌아보고만 나오는 일이 잦은데 오늘은 편지지 세트를 구매했다. 요코하마에서 편지를 써서 보내드리겠다는 소소한 이벤트를 진행했는데, 그 편지를 쓰기 위해서였다.

소마야를 나와 젠코쿠지에서 잠깐 기도를 드리고 나오니 비는 더 잦아들어 있었다. 비가 그쳐 간다는 소소한 행복이 하나 더 늘었다. 그런 소소한 행복으로 가득한 생일이었다.

요코하마 잉글리시 가든 横浜イングリッシュガーデン

주소 横浜市西区西平沼町6-1 tvk ecom park内

운영시간 3월~11월 - 10:00~18:00, 12월~2월 - 10:00~17:00

입장료 시즌별로 다름. 초등생·중학생 400~800엔, 성인 700~1500엔

정기 휴무 연말연시

아소비루 アソビル

주소 神奈川県横浜市西区高島2-14-9アソビル

영업시간 입점 시설별로 다름

정기 휴무 입점 시설별로 다름

비사문천 젠코쿠지 毘沙門天 善國寺

주소 東京都新宿区神楽坂5-36

운영시간 24시간

정기 휴무 연중무휴

소마야 겐시로 상점 相馬屋源四郎商店

주소 東京都新宿区神楽坂5-5

영업시간 10:00~18:00(임시)

정기 휴무 일요일, 공휴일

외국인들의 생활을 엿볼 수 있는
요코하마 야마테초

10월 5일은 『다카마쓰를 만나러 갑니다』, 『도쿄 근교를 산책합니다』를 쓰신 이예은 작가님을 만나기로 약속이 된 날이었다. 평일이라 작가님이 퇴근하신 후 오후에 뵙기로 했고 오전에는 잠시 다른 일을 하기로 했다. 4일에 비가 와서 그런지 아직 날이 흐린 가운데 끝이 보이지 않는 계단을 올라 찾아간 곳은 외교관의 집이었다. 샛노란 건물이 인상적인 곳이다.

입장료는 무료. 1910년 메이지 정부의 외교관 우치다 사다쓰치의 저택으로 미국의 건축가 J.M. 가디너의 설계하에 도쿄 시부야구에 세워진 저택이었다. 1997년 요코하마시는 우치다 씨의 후손으로부터 이 건물을 기증받아 이축하였고, 같은 해 이곳은 국가 중요문화재로 지정되었다. 지금도 수많은 사람이 이곳을 찾아 건물을 보고 가구며 집기들을 통해 당시의 분위기와 역사를 느끼고 있다. 총 두 개 층으로 구성된 외교관의 집은 1층은 식당, 대객실, 현관홀 등으로 구성되었으며 2층은 서재, 주침실, 전시실 등으로 구성되어 있다.

외교관의 집 뒤뜰은 저택 규모만큼이나 넓은 정원으로 구성되어 있는 데 분수와 꽃 등으로 장식되어 있다. 아무래도 가을에 제철인 꽃은 봄이나 여름에 비해 많지 않다 보니 크게 기대는 하지 않았는데, 그런데도 뒤뜰은 화사하니 아름답게 꾸며져 있었다. 웨딩 촬영을 하는 커플도 눈에 띄었다. 미리 허가를 구하면 이곳에서 웨딩 촬영을 할 수도 있다는 모양이다. 건물이 아름답고 역사적인 의미도 있어서 평생 간직할 웨딩 사진으로 의미가 있을 듯하다.

옆에 있는 블러프 18번 관도 함께 돌아보았다. 이곳도 관람 자체는 무료로 할 수 있다. 이곳은 간토 대지진 이후 지어진 호주 무역상 바우든 씨의 주택이었는데, 전쟁 이후로는 천주교 요코하마 지구의 소유로 1991년까지 사제관으로 쓰이다가 같은 해 요코하마시에서 자재를 기증받아 이곳에 이축 복원하였고, 1993년부터 일반인에게도 공개했다고 한다.

이곳의 인테리어는 1920년대 일본에 거주했던 외국인들의 생활을 엿볼 수 있어 큰 의미가 있다. 근처에 있는 또 다른 서양식 건물 카페 야마테 10번 관도 드디어 방문하였다. 드디어가 붙는 이유는 내가 이곳을 올 때마다 휴관이거나 대절 중이어서 번번이 허탕을 치고 돌아갔기 때문이다. 웨딩 피로연 대절, 내부 사정 등등, 그 이유도 다양했다. 하지만 못 들어가게 하면 더 들어가고 싶어지는 것이 사람의 마음. 이번 한 달 살기 기간에 꼭 가보는 것이 목표였는데 겨우 성공했다.

1층은 카페, 2층은 레스토랑으로 운영하고 있는데 2층은 예약 없이는 들어갈 수 없을 만큼 항상 손님이 많은 듯하다. 한 번 예약을 시도해 보았지만 시간대가 맞지 않았고 코스 요리라 1인 예약이 힘들어 보였다. 하는 수 없이 이번에는 카페 이용으로 만족하기로 했고 크림소다를 시켜서 마셨다.

내가 음료를 마시는 동안에도 옆에서
는 결혼을 앞둔 듯한 커플이 피로연 관
련 설명을 듣고 있었다. 그 후 다른 날에
도 이 앞을 지나갈 일이 많았는데 주말은
대부분 피로연으로 대절해서 휴관한다는
안내가 붙어 있었다. 돈을 주겠다는데도
이렇게 이용하기 힘든 카페는 처음 본다.

여기서 다소 웃기고 슬픈 일이 있었다. 음료를 다 마시고 계산을 하려
는데 아무리 계산대에서 직원을 기다려도 아무도 오지 않았다. 그래서
바쁘신가 보다 하면서 한참을 서 있는데 누가 조심스레 나를 불렀다.

"손님, 손님~?"

"네?"

"계산대는 저쪽이에요."

유니폼을 입은 싱긋 웃고 있는 직원분이 가리키는 곳을 보니 그쪽에
떡하니 계산대가 있는 게 아닌가. 다시 보니 내가 서 있는 곳은 주문을
입력하는 포스기 앞이었다. 허둥지둥 그곳으로 가서 계산하고 나오는데
날이 맑아져 있었다. 창피함 같은 게 싹 잊힐 만큼 맑은 하늘이 나를 맞
았다.

외교관의 집, 블러프 18번 관 등이 있는 요코하마 야마테초에 가면 건
축을 공부하는 사람이나 역사를 공부하는 사람이 오면 좋을 것 같다는
느낌을 늘 받고는 한다.

나는 다소 앙큼한 목적이 있어서 이곳들을 찾는데, 내가 좋아하는 게임 '금색의 코르다'가 이 건물들을 게임 내 배경의 모델로 삼는 바람에 성지순례로 온 적이 있다. 사실 야마테 10번 관도 등장하는 캐릭터 중 하나의 엔딩에 나온 배경이라서 알게 되었다.

실제 건물을 배경의 모델로 쓴 제작진도 만만찮지만 그걸 다 찾아다니는 팬들도 보통내기는 아닌 것 같다. 남의 얘기가 아닌 것 같지만 말이다. 참고로 나는 전에 성지순례를 위해 갑자기 미친 척 가방을 던진 적이있다. 게임 내에서 사연이 있어서 첼로 케이스를 던지려는 캐릭터가 있었는데 그걸 말리는 주인공과 투닥거리다가 결국 첼로 케이스가 다리 위에 팽개쳐진다. 첼로 케이스가 없으니 이 대신 잇몸으로 때우겠다고 그냥 냅다 가방을 던져 버린 것이다. 나를 말리는 사람은 아무도 없었다….

외교관의 집 外交官の家

주소 神奈川県横浜市中区山手町16

운영시간 09:30~17:00

입장료 없음

정기 휴무 넷째 주 수요일(수요일이 공휴일이면 운영하고 익일 휴무), 연말연시(12월 29일~1월 3일)

블러프 18번 관 ブラフ18番館

주소 神奈川県横浜市中区山手町16

운영시간 09:30~17:00

입장료 없음

정기 휴무 둘째 주 수요일(수요일이 공휴일이면 운영하고 익일 휴무), 연말연시(12월 29일~1월 3일)

야마테 10번 관 山手十番館

주소 神奈川県横浜市中区山手町247

운영시간 11:00~20:00

정기 휴무 월요일(월요일이 공휴일이면 운영하고 익일 휴무)

신요코하마의
라멘 박물관

시간이 되어서 이예은 작가님을 만나기 위해 신요코하마역으로 향했다. 원래 간나이역에서 시영 블루라인을 타면 한 번에 갈 수 있는데, 블루라인을 한 번도 탄 적 없는 내가 JR을 타는 바람에 서로 엇갈렸다. 정말 죄송했다. 그래도 어찌어찌 만나서 잠시 신요코하마의 거리를 함께 걸었다.

신요코하마는 완벽한 시내였고 간나이나 요코하마 부근과도 느낌이 달랐다. 조금 더 도회적인 느낌을 받았던 것 같다. 차들이 많이 다니고 높은 건물들이 가득 들어찬 회색빛 도회지 말이다. 그 회색빛 옆에 난 작은 산책로를 걷다가 작가님과 함께 신요코하마 라멘 박물관으로 향했다. 입장료는 성인 기준으로 330엔, 안으로 들어가서 라멘을 먹는 것은 또 별도 요금을 치러야 하니 330엔의 돈은 순수한 박물관 이용 대금이라고 할 수 있겠다.

세계 최초로 라멘을 테마로 한 놀이공원으로 1994년 3월에 개관한 신

요코하마 라멘 박물관. 사실 라멘을 아무리 좋아하더라도 라멘을 놀이공원처럼 즐긴다는 발상은 활자로 보고도 조금 낯설게 다가온다. 이곳의 콘셉트는 멀리 가지 않고도 일본 전역 유명한 맛집의 라멘을 즐길 수 있는 곳이 되는 것이라고 한다. 그래서 전국 각지의 라멘 가게가 입점해 있는데 모든 가게가 계속 유지되는 게 아니라 종종 다른 가게가 입점하기도 하나 보다.

정말 말 그대로 박물관이라서 라멘의 유래와 역사를 다루었으며 각종 라멘은 물론이요 라멘 관련 기념품도 판매한다. 라멘용 그릇이나 젓가락, 라멘 관련 도서 등 말이다. 안쪽으로 들어가면 컵라면을 직접 만들 수도 있게 해 두었다. 여기서 반가운 얼굴을 찾아볼 수 있었다. 컵누들 뮤지엄에서 만났던 안도 모모후쿠 씨! 역시 인스턴트 라멘의 발명자인 만큼 라멘 박물관에서도 빼놓지 않고 다루는 인물인 듯하다.

이곳저곳을 구경하는데 내부 디자인이 꽤 특이해서 오래된 과거의 향취가 느껴지는 레트로한 분위기다. 일곱 개의 라멘 가게가 늘어서 있는데 1958년 일본의 길거리를 재현했다고 한다. 1958년은 세계 최초의 인스턴트 라멘이 발명된 해라는 모양이다. 하지만 인테리어만 그렇지 라멘을 주문하는 건 포스 기계이기 때문에 약간 이질감이 들었다. 작가님과 끌리는 곳으로 들어가 쇼유(간장) 베이스의 돈코츠 라멘을 먹었다.

가게 이름은 겐코쓰야, 1980년에 창업한 곳으로 역사는 깊지 않지만 깊은 육수 맛과 쫀득쫀득한 면이 정말 맛있었다. 아무래도 위장에는 한계가 있다 보니 한 번 오면 보통 1~2곳까지 가는 것이 한계일 텐데, 이 일곱 가게를 전부 제패할 수 있을까? 라멘을 좋아하는 자칭 라멘 마니아로서 승부욕을 자극당했다. 이날 이예은 작가님께 꽃과 과자를 선물 받았다. 작가님이 한국에 오셨을 때 내가 신간 출간 기념으로 꽃을 선물로 드렸는데, 그 기억이 너무 좋았다고 나에게도 꽃을 선물해 주신 것이다. 사실 그 무엇보다 기뻤던 것은 일본 요코하마에서 나에게 귀중한 시간을 내어 주셨다는 것이었다. 이 자리를 빌려 다시 한번 감사드립니다!

신요코하마 라멘 박물관 新横浜ラーメン博物館

주소 神奈川県横浜市港北区新横浜2丁目14-21

운영시간 평일 11:00~21:00, 주말·공휴일 10:30~21:00

입장료 초등학생 미만 무료, 초등생·중고생 100엔, 성인 450엔, 65세 이상 100엔

정기 휴무 연말연시

노포 센터 그릴과
코끼리들이 있는 조노하나 파크

간나이에 2주 거주한 후에야 간나이역 위에 야구모자 모양의 장식이 있다는 사실을 알았다. 고개를 들어야만 보이는 것이 있다. 간나이역이 그렇다. 같은 곳을 다니더라도 360도를 둘러보고 다녀야겠다고 생각하게 된 사건이었다. 이날 숙소 밖으로 나온 것은 요코하마의 한 노포를 찾기 위함이었다. 이예은 작가님께도 추천받은 그곳은 '센터 그릴'로 숙소에서는 도보로 약 20분 거리였다. 센터 그릴에 간 요일이 금요일이었는데 '금요일의 특가 세트'가 있었고 직원분에게 이렇게 물었다.

"이 중에 추천하시는 메뉴가 있을까요?"

잠시 고민하던 직원분은 나폴리탄과 특제 하마 런치라는 메뉴가 잘 나간다고 대답해 주셨다. 나폴리탄은 토마토케첩으로 맛을 낸 스파게티인데 이곳의 대표 메뉴라나 보다. 특제 하마 런치는 메뉴판에 이렇게 적혀 있었다. 특제 오므라이스 + 치킨가스 + 샐러드. 밥을 먹고 싶었기 때문에 특제 하마 런치를 주문하기로 했다.

그런데 메뉴판에서 한 가지 눈에 띄는 게 있었다. 그냥 하마 런치와 특제 하마 런치가 있었던 것이다. 그래서 추가로 질문했다.

"하마 런치와 특제 하마 런치는 무슨 차이가 있나요?"

"안에 들어가는 밥이 달라요. 하마 런치는 흰쌀밥이 들어가고, 특제 하마 런치는 케첩 라이스가 들어가요."

나중에 직접 먹어보니 케첩 라이스는 그냥 케첩 라이스가 아니라 약간의 고기까지 씹혔다. 치킨가스는 갓 튀겨져 나와서 바삭하면서도 육즙이 아주 촉촉했고 오므라이스는 달걀이 부드러워서 혀끝에서 살살 녹아내렸다. 다만 샐러드가 양상추나 배추로 만든 게 아닐까 했는데, 그런 내 예상을 깬 감자샐러드였다. 한마디로 완벽한 탄수화물 사 총사였다. 그리고 이 탄수화물 사 총사의 가격은 1,150엔. 우리나라의 현재 환율로 따지면 만 원도 채 안 되는 저렴한 가격이었다. 당시의 환율이 100엔에 900원 정도였으니 말이다.

노포의 노하우가 담긴 이만한 음식을 이 가격에 먹을 수 있다는 건 상당한 축복 아닐까? 하지만 역시 탄수화물 사 총사의 위력은 엄청나서 배

가 터질 것 같았고 조노하나 파크까지 느긋하게 걸어가 보기로 마음먹었다. 산책하기에 아주 좋은 날이었다. 요코하마역 부근은 높은 건물이 많지만 시내 중심은 높은 건물이 많지 않아서 탁 트인 하늘이 보인다.

조노하나 파크의 조노하나는 '코끼리 코'라는 뜻이다. 그 뜻처럼 공원 곳곳에는 진한 하늘색 코끼리 동상이 있는데 이게 또 무척 귀엽다. 밤이 되면 조명이 켜져서 아침에도 밤에도 산책하기에 좋으며, 조깅하는 사람들도 조깅 코스로 자주 이용하는 널찍한 공원이다.

이곳 내부에는 공원 이름에서 따온 듯한 조노하나 테라스라는 작은 카페가 있다. 커피는 물론이요 꽤 많은 종류의 음료와 먹거리를 파는데 이곳에서만 파는 색다른 메뉴가 하나 있다. 바로 '조노하나 소프트아이스크림'이다. 480엔이라 편의점 아이스크림에 비하면 다소 비싸게 느껴지는 이 아이스크림은 코끼리 모양으로 생겼다. 소프트아이스크림 끝부분을 길게 늘어뜨려 코끼리 코처럼 보이게 하고 초콜릿으로 코끼리 눈을 박아 넣은 식이다. 의외로 아이스크림이 많이 들어 있어서 가격 대비 괜찮았다.

이런 디자인의 소프트아이스크림을 어디서 또 팔 수도 있겠지만, 나는 이 조노하나(코끼리 코) 파크라는 이름을 가진 공원에서 먹기에 더 의미가 있다고 생각했다. 참고로 시즌 메뉴가 있어서 상시 메뉴인 밀크 맛 외에 가을에는 '마론(밤)' 맛을 판매한다. 다른 계절에는 또 다른 맛을 판매하나 보다.

조노하나 파크 옆은 물가라서 배가 많이 있었는데 그 배들과 하늘이 물에 반사되어 지나갈 때마다 다른 풍경을 연출한다. 매번 달라지는 한 폭의 수채화 같은 풍경을 바라보면서 행복을 느꼈다.

센터 그릴 センターグリル

주소 神奈川県横浜市中区花咲町1-9

영업시간 11:00~20:00(임시)

정기 휴무 월요일(월요일이 공휴일이면 운영하고 익일 휴무), 첫째 주 화
요일

조노하나 테라스 象の鼻テラス

주소 横浜市中区海岸通1丁目

영업시간 10:00~18:00

정기 휴무 없음

빨간 구두를 신은
여자아이

조노하나 파크에서 약 3~5분 정도 걸으면 야마시타 공원이 나온다. 야마시타 공원은 매일 수많은 사람이 오가는 곳이다. 바다를 면하고 있으며 요코하마의 아카이쿠츠(빨간 구두) 버스도 이 야마시타 공원을 지나가는 데다 시내와도 근접해 있는데 꼭 요코하마의 심장부 같다. 특히 야경이 아름답게 보이는 오산바시와도 가까운데 내가 묵은 숙소는 오산바시에서 직진으로 15분 정도 거리이기 때문에 종종 밤에 산책을 나오곤했다.

밤에는 사진이 잘 찍히지 않아서 이제껏 찍지 못한 빨간 구두를 신은 여자아이상 쪽으로 가서 사진을 찍었다. 이 동상은 한 동요를 모티브로 제작되었다는 모양이다.

赤い靴 はいてた女の子
빨간 구두를 신은 여자아이

異人さんに つれられて行っちゃった

외국인에게 이끌려 가 버렸네

横浜の 埠頭から船に乗って

요코하마 부두에서 배를 타고

異人さんにつれられて行っちゃった

외국인에게 이끌려 가 버렸네

今では 青い目になっちゃって

지금은 푸른 눈이 되어

異人さんのお国にいるんだろ

외국인의 나라에 있겠지

赤い靴 見るたびに考える

빨간 구두를 볼 때마다 생각하네

異人さんに逢うたびに考える

외국인을 만날 때마다 생각하네

이 동요에 등장하는 여자아이는 실존하였고 여자아이의 이름은 '기미'
다. 기미는 1902년에 미혼모의 딸로 태어났으나 사생아라는 것 때문에
사람들의 비난이 심해 홋카이도 하코다테로 가게 된다. 어머니 가요는

당시 하코다테에서 만난 사람과 루스쓰무라에 정착하기로 하지만, 당시 어렸던 기미를 데려가기에 환경이 너무나도 혹독했다. 그래서 당시 하코 다테 교회에서 선교 일을 하던 미국인 선교사 휴엣 부부에게 기미를 양 녀로 보내기로 한다.

그러나 휴엣 부부가 귀국하게 되었을 때 기미는 당시 불치병으로 여겨 지던 결핵에 걸리고, 도저히 배 여행을 할 수 없어 부득이 도쿄의 고아원 으로 가게 된다. 그리고 몇 년을 투병하다가 짧은 생애를 마감한다.

후에 가요의 기미를 향한 사랑을 안 노구치 우죠가 '빨간 구두를 신은 여자아이'라는 시를 지었고 여기 모토요리 나가요가 곡을 붙이면서 지금 의 동요가 알려졌다는 모양이다. 참고로 기미의 어머니 가요는 딸이 죽 은 것을 모르고 외국에서 사는 줄로만 알고 생을 마감했다고 한다.

현재 같은 동요를 모티브로 한 빨간 구두를 신은 여자아이상은 총 네 개가 세워져 있는데 이 야마시타 공원 내에 있는 것도 그중 하나다. 그 네 곳은 각각 니혼다이라, 루스쓰무라, 아자부주반, 야마시타 공원이다. 니혼다이라는 기미가 태어난 고향이라서, 루스쓰무라는 어머니 가요가 정착하고자 했던 곳이라서, 아자부주반은 기미가 짧은 생애를 마감한 고 아원이 있던 곳이라서, 요코하마에 있는 야마시타 공원에 여자아이상이 있는 이유는 동요에 '요코하마의 부두'라는 대목이 나오기 때문이라고 한 다. 이루지 못한 미국 생활을 꿈꾸며 멀리 바다를 바라보게끔 하기 위해 1979년에 세워졌다고 한다. 동상이 세워진 지 약 44년, 기미는 아직도 자 신이 가지 못한 미국을 바라보고 있다.

야마시타 공원 山下公園

주소 神奈川県横浜市中区山下町279

운영시간 24시간

입장료 없음

정기 휴무 연중무휴

옥토버페스트와
요코하마의 고급 바

옥토버페스트는 10월에 있는 요코하마의 대형 이벤트로 아카렌가소코에서 열린다. 숙소에서 아카렌가소코까지는 걸어서 약 20분 정도로 가까운 거리다. 도쿄에 사는 친구가 일이 끝난 후 요코하마까지 와주기로 해서 함께 옥토버페스트에 참가했다. 옥토버페스트 참가비는 500엔. 물론 입장료만 500엔이고 안에 들어가서 사 먹는 비용은 전부 별도로 부담해야 한다. 아카렌가소코 어플 회원은 300엔으로 결제할 수 있다는 말에 솔깃해서 회원가입을 시도해 보았지만, 휴대폰 인증이 필요해서 일본 내 휴대폰 번호가 없는 외국인인 나는 튕겨져 나왔다.

500엔을 내면 팔찌를 주는데 그 팔찌를 착용하고 안으로 들어가면 요코하마 시민이 여기 다 모여 있나 싶을 정도의 수많은 인파가 모여 있는 것을 볼 수 있다. 행사에 참석한 건 딱 하루였지만 그 앞으로 자주 지나다녔는데 그때마다 사람이 정말 많았다.

평일과 주말 특정 시간에는 회장 내에 설치된 무대에서 공연도 하는데 그 덕에 분위기가 아주 달아올랐다. 맥주 이외에도 많은 종류의 술이 있고 안주가 있었지만 아무래도 줄이 길고 일행과 단둘이다 보니 줄 서기에 한계가 있었다. 그리고 먹을 수 있는 음식에도 당연히 한계는 있다. 안 그래도 많은 것을 맛보기는 어렵겠다 싶었는데 거기에 충격적인 정보를 입수했다.

아무 생각 없이 직원분에게 몇 시까지 장사를 하냐고 물었더니 이런 답이 돌아왔다.

"여긴 몇 시까지 하나요?"

"주문은 9시까지 받습니다."

친구와 나는 동시에 눈이 휘둥그레졌다. 보통 술자리는 9시부터가 시작 아니던가? 알 수 없는 일이다.

겨우 자리를 잡고 줄을 서서 1,000cc 맥주와 안주 몇 가지를 시켜서 먹었다. 큰 맥주를 시킨 이유는 그냥 줄을 두 번 서기가 너무 힘들 것 같아서였는데 시키고 나서 살짝 후회되기는 했다. 여러 종류를 시키면 다양한 맛을 볼 수 있는데 왜 한 가지 맛을 시켰을까.

하지만 그 후회는 맥주를 한 모금 들이켜는 순간 사르르 녹아 사라졌다.

"이거 맛있어!"

"그래?"

친구가 시킨 맥주를 조금 덜어서 나누어 마셔 봤는데 서로 자기 것이 취향이라고 하는 걸로 봐서는 자기 취향에 맞는 걸 잘 시킨 듯했다. 안주는 피자와 양념치킨과 필레라는 안주였다. 양념치킨은 코리안 스타일이라고 적혀 있길래 오랫동안 일본에서 직장 생활을 한 친구가 반기지 않을까 해서 시켜본 것이었는데 우리 모두 먹어보고 생각했다. 내가 먼저 입을 열었다.

"이거 '데리야키' 풍 아니야?"

달콤하면서도 매콤한 맛이 나야 하는데 아무리 먹어봐도 짭조름한 맛만 나는 게 코리안 스타일과는 거리가 멀어 보였다.

8시쯤 외국인들로 구성된 밴드가 행사장 내부에 설치된 큼직한 무대에서 노래를 불렀다. 도저히 내부에서 자리를 잡지 못해 외부 자리로 나온 우리에게까지 쩌렁쩌렁하게 들릴 정도였다.

술을 마시는 자리임에도 주사를 부리는 사람을 찾아보기 힘든 아주 매너 있고 격식 있는 자리였는데, 아마 그 이유의 태반은 9시 마감이라는 파격적인 조기 마감에 있지 않을까 한다. 나와 친구는 아쉬움에 2차로 바 같은 곳에 가보는 게 어떻겠냐고 미리 얘기를 나누었고 야마모토 씨를 만났던 바는 너무 거리가 멀고 친구가 도쿄로 돌아가기에 불편하기 때문에 그런 사정상 아카렌가소코 인근의 바로 가게 되었다.

2차로 고급스러운 고층 바에 갔는데 나는 발렌시아와 이달의 칵테일을 마셨다. 야경이 아름다웠고 우리가 9시보다 조금 일찍 나온 탓에 아카렌가소코에서 서서히 흩어지는 인파들이 보였다. 하지만 나는 너무 고급스러워서 이곳의 분위기에 쉽게 적응할 수 없었다. 이곳은 카운터석에 앉아서 나와 대화해 줄 마스터나 직원이 없었고 친근감을 주는 그런 분위기가 전혀 아니었다. 무엇보다 술을 건네줄 때 직원들이 무릎을 꿇고 건네줘서 나도 덩달아 무릎을 꿇을 뻔했다. 이런 분위기에 정말 익숙하지 않아서 많이 당황스러웠다.

친구에게 미처 말은 못 했지만 속으로 이렇게 생각했다.

'난 역시 야마모토 씨와 마스터가 있는 바가 더 좋은 것 같아….'

하지만 이곳은 함께하는 친구가 있어서 얘기하는 즐거움이 있었던 것 같다.

소소한 휴식과
오산바시의 불꽃놀이, 스파클링 나이트

나는 늘 손톱을 바싹 깎는다. 번역가라는 직업상 늘 키보드를 치다 보니 손톱이 길면 오타를 치는 등의 불편이 따르기 때문이다. 하지만 이번에는 책을 위해서 손톱에 네일아트를 했다. 책에 들어갈 사진을 찍을 때 손톱까지 예쁘게 찍혀 나오길 바랐기 때문이다. 그런데 손톱이 너무 금방 자라는 바람에 키보드를 치는 데 막대한 지장이 생겼고 하는 수 없이 일본에서 네일아트를 하기로 마음을 먹었다. 이건 뜻밖의 일정이었다.

핫페퍼라는 곳을 통해서 미리 간나이 인근 이시카와초역 근처에 있는 네일숍을 예약해 두었고 시간을 맞춰 찾아갔는데, 사실 말도 안 통하는 외국인에게 초보 네일리스트를 배정해 주지 않을까 했었다. 그런데 그건 약간의 차별적인 생각이었던가 보다. 나에게는 11년 차 베테랑이 배정되었고 한동안은 OTT를 틀어 주서서 대화를 차단당했다. 사실 나는 대화거리를 여럿 생각해 갔는데 말이다….

중간중간 요코하마 명소를 추천해 달라는 식의 얘기를 꺼냈지만 오산바시와 야마시타 공원을 추천받았다. 어제도 산책을 다녀온 곳이었다. 그러다 갑자기 우리의 이야기에 꽃이 피어났는데 그 중심 소재는 바로 한 연예인이었다.

"한국 오신 적 있어요?"

"네, 저 사실 동방신기 창민 팬이에요."

"와, 정말요?"

"창민은 인기가 많나요?"

"창민, 인기 많죠! 제 주변에도 좋아하는 사람 있어요."

이분은 동방신기의 오랜 팬이셨고 그중에서도 심창민을 좋아하시는 분이셔서 창민 얘기를 하니 아주 기뻐하셨다. 무언가를 좋아하는 마음은 정말 위대하다. 이렇게 난생처음 보는 사람과 사람 사이에도 대화의 물꼬를 트게 해주니 말이다.

"그런데 요코하마에는 왜 오신 거예요?"

약간 장난기가 발동했다.

"요코하마에는… 저의 인생(= 금색의 코르다)이 있어요."

"와…. 굉장하다."

너무 진지하게 들으시길래 반대로 당황해서 부가적으로 설명했다. 야마모토 씨에게 설명했듯, '정말 좋아하는 게임 작품이 있는데 그 작품이 너무 좋아서 일본어를 배웠고 그 작품의 배경인 요코하마까지 좋아하게 되어서 이렇게 요코하마에 오게 되었다'라고 말이다.

"그 게임이 저에게는 인생이에요."

"그럼… 저에게 창민이 인생인 것과 같네요."

우리는 서로 마주 보고 웃었다. 나는 금색의 코르다가 소중하기에 이분에게 심창민이 얼마나 소중한지 이해할 수 있었고, 이분은 심창민이라는 연예인이 소중하기에 나에게 금색의 코르다가 얼마나 소중한지 이해할 수 있는 게 아닐까. 좋아하는 대상은 다르지만 서로 이해할 수 있다는 것에서 깊은 의미를 느꼈다.

10월 8일, 스파클링 나이트라는 이름의 불꽃놀이가 오산바시에서 있을 예정이어서 웬만하면 밖에서 버텨보려고 조노하나 파크에 앉아 있었다. 하지만 10월쯤 되니 날이 꽤 추워진 데다 날이 궂어서 계속 비가 쏟아졌다. 비가 오는 데 불꽃놀이를? 가능할까? 설상가상으로 운영팀에서는 불꽃놀이가 있을 8시의 1시간 전인 7시에야 진행 여부를 알려주겠다고 했다.

결국 기다리다 지친 나머지 5시 반에 항복하고 숙소로 들어가 우선 저녁을 먹고 따뜻한 곳에서 몸을 덥히기로 했다. 하지만 들어가면서도 생각했다.

'오늘 계속 비가 오는 걸 보아 불꽃놀이는 힘들겠는데….'

그래서 일찌감치 포기하고 실내복으로 갈아입고 있었는데 7시 정각에 운영팀의 공지가 떴다. 8시 정각에 정상 진행하겠다는 내용이었다! 나는 허겁지겁 나갈 준비를 했다. 이미 그날 예정되어 있던 외부 이벤트 중 하나가 취소되어서 상심해 있던 차였다. 이 이벤트까지 놓치면 다음은 없다!

사실 숙소 안에서는 날씨를 잘 알 수 없었던 나머지 비가 그친 줄로만 알았다. 하지만 비는 계속 오고 있었다. 마지막까지 불안감을 떨칠 수 없었던 이유는 '갑작스레 기상 이변이 생길 경우, 취소될 수 있다'라는 공지 문구 때문이었다. 여기서 비가 더 심하게 오면 어쩌면 취소될 수도 있다.

그나마 다행인 점이 있다면 이벤트가 열리는 오산바시는 숙소에서 걸어서 15분 거리다. 취소되면 바로 돌아오면 된다.

바람이 꽤 세차게 불어서 우산이 여러 번 뒤집혔다. 말 그대로 고난이었다. 비가 옆으로 오는 신세계를 경험할 수 있었다. 하지만 고난은 잠시, 오산바시에서 바라본 야경은 정말 아름다웠다. 오산바시 위에서 야경을 제대로 바라본 건 이날이 처음이었는데 이날 이후 나는 오산바시의 야경에 푹 빠져 버렸다.

앞줄에 딱 자리를 잡고 대기하는데 드디어 8시, 애타게 기다리던 그 소

리가 터져 나왔다. 퍼벙!

비는 아직 조금 내리고 있었지만 다행히 행사가 진행된 것이다. 흔히 불꽃놀이는 여름을 생각하기에 10월, 그것도 이런 비 오는 날에 불꽃놀이를 보게 될 줄은 상상도 못 했다. 그것도 바다와 다리 위에서 말이다. 스파클링 나이트라는 이름의 이 이벤트는 1년에 총 4번 정도 열린다. 10월 다음에는 12월에도 열린다고 한다.

행사는 길지 않고 5분간 진행되는 것이라서 금세 끝나 버렸다. 사람들은 꼭 개미가 흩어지듯 뿔뿔이 흩어졌고 그 사람들을 통제하기 위해 온 경찰로 보이는 사람이 "아~ 이렇게 사람이 많이 온 줄 몰랐는데"라며 누군가에게 얘기하는 것이 들렸다. 그 말처럼 행사를 보러 온 사람에 비해 통제하는 사람이 매우 적었다. 아마 이렇게 많은 사람이 몰릴 줄 예상 못 한 것이겠지. 한국에 있는 가족들에게 사진을 보내주었더니 한국도 딱 같은 날 불꽃놀이를 했다고 한다. 신기했다.

오산바시 大さん橋

주소 神奈川県横浜市中区海岸通1-1-4

운영시간 24시간

입장료 없음

정기 휴무 연중무휴

비 오는 요코하마에서
관광하기

스파클링 나이트 다음 날, 비가 그치길 바랐는데 더 심하게 쏟아졌다. 비만 오면 다행인데 바람까지 심하게 불어서 이 계절에 혹시 태풍이 오나 요코하마 태풍 소식을 검색까지 해 봤을 정도였다.

그나마 다행인 점이 있다면 10월 9일은 월요일인 동시에 스포츠의 날이었고, 스포츠의 날은 일본의 공휴일이라는 것이었다. 그래서 대부분 월요일 휴관이던 곳이 익일 휴관으로 바뀌어서 쾌재를 불렀다. 오늘의 관광 코스는 모두 실내로 변경할 수 있다!

첫 번째 코스는 인형의 집이 되었다. 사실 이곳은 (이제는 듣기도 지겨우실 내 최애 게임) 금색의 코르다의 시리즈 3에서 라이벌 학교의 건물 모델이 된 장소라 워킹홀리데이 때도 성지순례 겸 와본 적이 있었다. 하지만 그때는 워낙 돈이 없다 보니 기본 관만 쓱 돌아보고 말았다. 하지만 이번에는 특별 전시까지 알차게 돌아보았다. 특별 전시는 매번 달라지는데 이번에는 두 가지, 〈실바니안 패밀리 전시전〉과 〈히로타 사토미의 기록과 기억〉이었다. 전자는 여러 종류의 동물 인형으로 만인에게 사랑받는 실바니안 패밀리 인형을 전시한 것이고 후자는 한 인형 제작가가 인형을 제작하며 X(구 트위터)에 올린 글과 일기를 정리한 것과 작품을 함께 전시해 두었다. 그러고 보니 나도 '기록'하기 위해 블로그를 쓰는데 어찌 보면 나와 비슷한 면이 있는 것 같기도 하다. 나는 이렇게 훌륭한 작품을 만들지는 않지만 말이다.

인형의 집에는 각국의 인형과 일본의 지역별 인형, 시대별 인형 등 각종 특색 있는 인형들이 전시되어 있다. 그중에는 물론 한국 인형도 있다. 깔끔하게 한복을 차려입은 인형들이 자리한 걸 보고 어쩐지 반가웠다.

이어서 간 곳은 야마시타 공원에 떠 있는 커다란 배 '히카와마루'. 히카와마루의 입장료는 300엔, 나름 합리적인 가격이다. 팸플릿을 받고 들어가면 내부에 화살표가 붙어 있는데, 그걸 따라 히카와마루 내부를 볼 수 있다. 1등 객실, 1등 사교실 등등 각종 공간이 공개되어 있고 조타실이나 엔진실 내부도 볼 수 있다. 사실 이곳은 비가 오는 날에 방문하기 좋은 요코하마의 명소를 검색해서 나오길래 간 곳이었는데 외부로 나가서 관

람해야 하는 장소도 있어서 그때는 우산을 써야 했다. 다소 황당했다. 오랜 세월 세계를 누비다가 이제는 요코하마에 정박 중인 히카와마루. 요코하마의 상징 중 하나가 된 만큼 이번 기회에 가보길 잘했다고 생각했다. 마지막으로 가나가와 현립 역사박물관에 다녀왔다. 특별전으로 아시가라의 불상전을 하고 있었다. 일반 전시와 특별 전시를 묶어 1,100엔을 주고 봤다. 불상전 내부는 무조건 촬영 금지라서 촬영을 하지 못했고 설명이 대부분 어려운 한자여서 겨우겨우 읽은 거 같다. 어디의 본존인지 몇 년에 만들어진 것인지가 기록되어 있었다.

입구에 들어서자마자 보이는 비사문천의 입상立象 앞에서 일단 기도를 드렸다. 다른 불상 앞에서 기도를 드리는 분도 보였다. 내부 촬영이 금지된 곳이라 곳곳에 관리원분이 계셨는데 관람 구역 내부를 관리하시는 관리원분도 기도하는 것에 대해서는 딱히 뭐라고 저지하지는 않으셨다. 아마 너무 요란하거나 민폐가 되지 않으면 기도는 용인하시는 모양이다.

일반 전시관은 흔히 그렇듯 구석기, 신석기를 시작으로 여러 시대를 다루는 전시관이었다. 조금의 차이가 있다면 이곳은 가나가와현의 역사를 중점으로 다루고 있었다. 그래서 유독 개항을 크게 다루었다. 1853년 매튜 페리가 우라가 항에 상륙한 사건이 제법 크게 다뤄지고 있었으며, 흑선의 모형도 전시되어 있다. 우라가 항, 현 요코하마 요코스카에 상륙한 페리는 3주간의 협상을 통해 일본의 개항을 끌어냈다. 일반 전시관은 전시관 일부는 촬영이 가능하나 촬영할 수 없다는 표시가 되어 있는 구역에서는 사진을 찍지 않도록 주의해야 한다.

요코하마 인형의 집 橫浜人形の家

주소 神奈川県橫浜市中区山下町18番地

운영시간 09:30~17:00

입장료 초등생·중학생 200엔, 성인 400엔(일부 전시는 별도 요금 있음)

정기 휴무 월요일(월요일이 공휴일이면 운영하고 익일 휴무)

히카와마루 氷川丸

주소 神奈川県橫浜市中区山下町山下公園地先

운영시간 10:00~17:00

입장료 초등생·중고생 100엔, 성인 300엔, 65세 이상 200엔

정기 휴무 월요일(월요일이 공휴일이면 운영하고 익일 휴무)

가나가와 현립 역사박물관 神奈川県立博物館

주소 神奈川県橫浜市中区南仲通5丁目60

운영시간 09:30~17:00

입장료 중학생 이하 무료, 고등학생 100엔, 대학생 200엔, 성인 300엔(일부 전시는 별도 요금 있음)

정기 휴무 월요일(월요일이 공휴일이면 운영하고 익일 휴무), 연말연시

요코하마 차이나타운에서 보낸
쌍십절

10월 10일은 요코하마의 기념일은 아니지만, 대만의 유일한 국경일이자 건국 기념일인 쌍십절이어서 큰 행사가 있었다. 세계 최대 규모라고 불리는 요코하마 차이나타운 전체에 행렬이 있어서 일본인은 물론 외국인들의 이목까지도 집중되었다. 차이나타운 내에 대만계 화교 학교가 있는데 그곳의 학생들이 사자춤을 비롯한 각종 전통춤을 선보였다.

정확히 학교에서 시작된 이 행렬은 번호표가 붙은 팻말을 들고 선두에 선 사람이 행진하면 뒤에 선 사람들이 따라가며 춤과 기예 등을 선보이는 식으로 진행되었다. 전통적인 것만 있는 건 아니고 취주악(관악기를 위주로 다른 악기를 곁들인 합주 음악)을 연주하거나, 다양한 복장을 한 사람들이 웃으면서 행진하기도 했다. 학생들의 어머니, 아버지인지 행렬이 지나갈 때마다 함박웃음을 지으며 손을 젓는 모습이 보였다. 그러면 학생들도 그들을 보고 밝게 웃었다.

오후 1시 30분부터 시작된 행렬은 차이나타운 전체를 훑었고 대략 3시

까지 진행됐다. 4시쯤부터 사자춤 행사가 있다고 했는데 날이 꽤 쌀쌀한 데다 다른 계획이 있어서 나는 2시 반쯤 자리를 떴다.

요코하마의 모토마치에 스튜디오 지브리의 작품을 모티브로 꾸민 카페 라피스가 있는데 그곳에서 연주자들을 초빙해 라이브 연주를 한다길래 방문하기로 했다. 차이나타운과 모토마치는 바로 인접해 있어서 거리도 그다지 멀지 않다. 배가 부른 상태여서 식사 대신 케이크 세트를 주문했다. 가격은 1,500엔이었다. 대신 케이크 종류가 8가지 정도여서 계속 망설이다가 "추천하는 거 있나요?" 물었더니 아마 아르바이트생인 듯한 여자분이 기다렸다는 듯 웃으며 말씀하셨다.

"개인적으로는 푸딩을 추천한답니다."

"그럼 그걸로 주세요."

"와아, 감사합니다!"

아르바이트생분이 개인적으로 추천할 만큼 푸딩은 정말 맛있었다. 부드러워서 스푼에 닿으면 뭉그러지는 그런 무른 푸딩이 아니라 단단한 푸딩이었다. 그렇다고 지나치게 딱딱한 건 아니고 치즈케이크 같은 식감이었다. 라이브 연주는 약 30분 정도였고 이 카페가 지브리 작품을 모티브로 꾸며놓은 곳이라 그런지, 지브리 곡들을 연주해 주었다. 곡을 다 연주한 다음에는 괜찮으시면 앞에 있는 통에 팁을 넣어 달라고 하셨는데 다들 팁을 조금씩 넣어 주는 분위기였다. 하지만 하필 오천 엔밖에 안 가지고 있어서 카페라테를 주문해서 잔돈을 만든 다음, 천 엔을 넣었다.

그런데 카페라테가 10분이 지나고, 15분이 지나도 나오지 않았다. 카페 사장님은 계속 테이블만 치우고 계셨다. 잠깐 내가 뭐 잘못한 게 있나 생각했다. 없었다. 주문은 제대로 들어갔고 거스름돈도 멀쩡히 받았다. 한참 오뚝이처럼 고개를 갸웃갸웃하다가 사장님이 내 주변 테이블을 치

우실 때 망설이다가 조심스레 물었다.

"죄송한데… 제 카페라테는…?"

"아…!!"

정말 거짓말이 아니고 내가 카페, 까지만 말했을 때 펄쩍 뛰시더니 바로 후다닥 달려가서 바로 음료를 만들어서 가져다주셨다. 조금 오버하자면 한 5cm 공중 부양하셨다. 그렇다. 잊어버리신 거였다. 죄송하다고 거듭 사과하셨는데 어차피 다음 행사가 있는 4시까지는 여기서 버티려고 했기에 괜찮다고 했다. 그리고 4시가 되기 20분쯤 전에 슬슬 나와서 걷는데 뭔가에 홀린 사람처럼 한 곳으로 발길이 향했다. 그곳은 차이나타운에 있는 마조묘였다.

마조는 북송 시대의 사람으로 신통한 능력을 가지고 있어 사람들의 병을 고치고 바다에서 조난한 사람들을 구하던 젊은 여인이었다. 하지만 28세 때 난파된 선원들을 구하다가 결국 목숨을 잃는다. 그 후 중국에서 항해의 안전을 지키는 신으로 숭배받게 되었고 마조를 모시는 사당이 많이 생기게 되었다. 한 남자분이 마조묘에 참배하시는 걸 보고 나도 모르게 따라 들어갔다가 바로 직원분께 붙잡혔다. 처음에는 직원분이 나를 중국인으로 보셨는지 중국말로 안내하셔서 계속 고개만 갸웃거렸다. 그랬더니 뭔가 비장한 얼굴로 직원분이 "일본어?"라고 하셨다. 나는 엉겁결에 고개를 끄덕였다.

"여기는 신사고 여기서 참배하고 가요."

"아, 네."

"향을 올리면 오백 엔인데 향을 올리면 어때요?"

계속 멍하니 듣기만 하다가 오백 엔 정도면 괜찮겠다 싶어서 천 엔짜리 지폐를 꺼냈더니 갑자기 직원분이 진지하게 물었다.

"종이도 태울 거예요?"

"네? 네…."

"그럼 향이랑 합쳐서 천오백 엔이니까 오백 엔 더 줘요."

"아, 네…."

정말 말을 '아, 네'밖에 못하는 사람처럼 '아, 네'만 반복했는데 아마 안내원분의 노련한 세일즈 실력에 밀린 것이 아닐까 한다. 하지만 순식간에 천오백 엔이라는 거금을 털리고 나니 정신이 좀 들었는지 '부적도 사요'라는 유혹은 다행히(?) 거절했다. 조금만 더 있다가는 돈이 아니라 영혼을 털릴 기세였다.

우선 올라가서 사당 내부에서 절을 드린 다음 나왔더니 마조묘에 계신

안내원분이 향에 불을 붙여 주었
다. 밖으로 나오니 다섯 개의 향로
가 있었다. 1부터 5까지 번호가 적
힌 향로에 번호 순서대로 향을 하
나씩 꽂으면서 절을 세 번 드리고
마지막으로 절을 한 번 더 드리라
고 하였다. 결국 번호당 4번씩 절을 하는데 그런 식으로 5번까지 반복하
라고 하였으니 모두 20번의 절을 한 셈이었다. 사실 문외한이다 보니 고
개만 까딱이느라 절이 아니라 헤드뱅잉에 가까웠고 나중에는 머리가 어
지러웠다.

절을 마치고 안내해 준 사람에게 돌아가래서 갔더니 건네준 여러 장의
종이를 손바닥 위에 올려놓고 조금씩 비껴놓은 다음, 몇 장씩 집어서 향
로 같은 곳에 훌훌 떨어뜨리며 태우라고 했다. 지금이야 방법을 아니까
쉽게 할 수 있지만, 나한테 이 방법을 알려주시기도 전에 안내원분이 새
로운 영업 타깃(?)을 찾으러 가 버리셨다.

"엥, 저 어떡해요?"

나도 모르게 나보다 앞서 계신 분께 도움을 청하며 그렇게 물었더니
한참을 망설이던 그분이 웃으며 이렇게 말씀하셨다.

"이렇게, 이렇게~ 훌훌 떨어뜨려 봐요."

'이렇게'도 '훌훌'도 너무 막연해서 도움은 크게 되지 않았다…. 결국 안
내원분이 타깃(?)을 놓치고 오셔서 제대로 알려주셨다.

돌아오는 길에는 중간중간 차이나타운 구경도 하고 사자춤 구경도 했다. 사실 1일에도 사자춤 구경을 했는데, 그때와 크게 다를 게 없어서 일찍 숙소로 들어가 번역 작업을 했다.

요코하마 마조묘 橫濱 媽祖廟

주소 神奈川県横浜市中区山下町 136

운영시간 09:00~19:00, 제야 09:00~익일 02:00

입장료 없음

정기 휴무 연중무휴

요코하마에서 보내는 편지 3
웃비에게

웃비는 X(구 트위터)에서 알게 된 동생인데 같은 장르를 좋아하게 되면서 가까워졌다. 음악을 전공한 웃비는 여러모로 능력 있고 정말 좋은 동생이다.

웃비에게

안녕, 웃비야. 나는 지금 10월 4일 생일에 일본 도쿄의 가구라자카에서 이 편지를 쓰고 있어. 가구라자카는 내가 정말 좋아하는 곳인데 문학의 거리이기도 해. 과거에 문예가와 작가들이 이곳에 살거나 즐겨 찾았거든. 예술을 하는 너와도 어느 정도 통하는 게 있지 않을까 하는 생각이 들어. 사실 나는 생일을 일본에서 보내고 싶어서 9월 말쯤 일본에 온 건데 막상 와 보니 이렇게 추적추적 가을비가 오고 있네. 역시 인생은 예측할 수 없는 것 같아.

하지만 다른 식으로 생각해 보기로 했어. 다른 날은 해가 쨍쨍해서 매일 땀을 뻘뻘 흘렸는데 오늘은 바람이 불고 날이 시원해서 땀을 거의 흘리지 않았어. 다른 시각으로 보면 오늘은 또 다른 의미에서 좋은 날일지도 몰라. 이런 식으로 하루하루를 아름답고 빛나는 방향으로 돌려서 바라보면서 건강하게 지내다 갈게. 한국에서 보자. 늘 부족한 언니를 많이 생각해 줘서 고마워.

행복한 하루, 좋은 하루 보내길!

5장

기타가마쿠라와 에노시마

기타카마쿠라
사찰 순회

이번에는 기타카마쿠라역에서 내렸다. 가마쿠라역과 같이 가마쿠라에 있지만 서로 도보 30분 거리라는 무지막지한 거리를 자랑하기에 한번에 보기가 힘들어서 날을 나누어서 가게 되었다. 사실 아침 일찍 움직였음에도 시간이 촉박할 만큼 기타카마쿠라만으로도 충분히 넓었다.

가장 먼저 간 곳은 엔카쿠지였다. 입장료는 500엔으로 역과 가장 가깝다는 이유로 찾은 곳이었는데, 특별한 것은 없지만 길게 이어진 계단이 아주 매력적이었다. 날이 맑으면 종이 있는 곳에서 후지산이 보인다고 한다. 1274년과 1281년에 몽골의 침략에 맞서 싸우다 목숨을 잃은 이들을 기리기 위해 1282년에 건립된 이곳은 가을이 되면 단풍이 물들어 절경을 이루지만, 아쉽게도 단풍이 질 만큼 가을이 무르익은 시기는 아니었다.

그다음에 간 곳은 메이게쓰인이었다. 입장료는 역시 500엔. 메이게쓰인의 명물은 역시 독특한 창문이다. '깨달음의 창'이라고 불리는 이 동그

엔카쿠지 내부

메이게쓰인 내부

란 창문은 불교의 세계에서 완전하고 완벽함을 뜻한다고 한다. 동그란 창문 이외에도 수국으로 유명한 이곳은 6월이 되면 수국이 절정을 이루어 아지사이(수국)사라고도 불린다. 다음에 기회가 된다면 절경이라는 이곳의 수국을 꼭 한번 보고 싶다.

이 메이게쓰인에는 입구 근처에 가레산스이 양식의 정원이, 안쪽에 우시로테이엔이라는 정원이 각각 있어서 철에 따라 다른 풍경을 볼 수 있다. 나오는 길에 아주 작은 토끼와 거북이 동상을 보았다. 왠지 옛날이야기가 생각나면서 아기자기한 이곳에 더욱더 정감이 갔다.

이어서 간 곳은 가마쿠라에서 가장 유명하고 오래된 선불교 사원인 겐초지였다. 입장료는 역시 500엔이다. 의외로 겐초지에서 가장 오랜 시간을 보내었다. 이곳은 수많은 국보와 문화재, 역사적 건물을 보유하고 있는 곳인데 그중 가장 먼저 만나볼 수 있는 것은 국가 중요문화재로 지정

겐초지 삼문

된 삼문三門이다. 깨달음에 이르는 세 가지 문(삼해탈문)이라는 뜻의 삼문은 문을 지나가는 참배객들이 청정한 마음으로 참배할 수 있기를 바라는 마음에서 만들어졌다고 한다. 일단은 '문'이지만 문짝은 없는데 이것은 오는 자를 막지 않는다는 부처님의 자비로움을 나타낸다.

넓기도 넓을 뿐만 아니라 이곳에는 하이킹 코스가 있는데 그곳을 오르면 날이 맑을 때는 후지산이 보인다고 한다. 그게 아니더라도 가마쿠라의 전경을 볼 수 있다는 말에 솔깃해서 총 150개는 된다는 계단을 올랐다. 사실 이날 이렇게 고된 길을 갈 줄 예상하지 못하고 치마를 입고 갔는데 말이다.

하지만 그 기나긴 계단 끝에 날 기다리고 있는 것은 아름다운 풍경이 아니라 말벌 출몰 간판이었다. 말벌이 출몰하니 출입을 금지한다는 내용이었다. 그래서 후지산이 보인다는 전망 구역에는 서 보지도 못했다! 농담이 아닌지 근처에만 갔는데도 정말 붕붕 소리가 들려서 후다닥 도망쳤다. 후지산이고 나발이고 일단 목숨은 부지해야 하지 않겠는가.

아침부터 식사를 제대로 하지 못해서 점심을 먹으려고 가마쿠라 시내

로 돌아갔다. 한참 시내를 서성이다가 선택한 것은 치어가 올라간 오일 파스타였다. 비주얼과 이름만 보면 괜찮아 보였는데 실제 맛은 정말 말 그대로 '네 맛도 내 맛도 아닌' 맛이었

다. 맛이 없는 게 아니고 '무미無味'였다. 옆 테이블을 보니 음식은 없고 음료만 마시고 있었다. 여기 혹시 음료 맛집인가? 아아, 실패했구나. 그렇게 고개를 푹 떨어뜨리는데 이후, 이보다 더 큰 실패를 하게 되리란 걸 이때의 나는 모르고 있었다.

엔카쿠지 円覚寺

주소 神奈川県鎌倉市山ノ内409

운영시간 3월~11월 - 08:30~16:30, 12월~2월 - 08:30~16:00

입장료 초등생·중학생 200엔, 성인 500엔

정기 휴무 연중무휴

메이게쓰인 明月院

주소 神奈川県鎌倉市山ノ内189

운영시간 09:00~16:00(수국 철에는 변동 있음)

입장료 초등생·중학생 300엔, 성인 500엔

정기 휴무 연중무휴

겐초지 建長寺

주소 神奈川県鎌倉市山ノ内8

운영시간 08:30~16:30

입장료 초등생·중학생 200엔, 성인 500엔

정기 휴무 연중무휴

여기가 어디야?!
잘못 들어간 절

가마쿠라에 가면 가볼 만한 곳으로 이예은 작가님께 '호코쿠지'를 추천 받았다. 그런데 맵에 실수로 비슷한 이름을 검색하는 바람에 다른 절에 들어갔다. 이만하면 에피소드 생성기가 따로 없다. 한참을 헤매다가 들어간 건데 그곳이 목적지가 아닌 엉뚱한 곳이리라고는 생각도 못 했다. 절이 절이지 뭐가 다른가? 그곳은… 일련정종이었다. 이렇게 말하면 아무도 모르겠지. 나도 사실 몰랐기 때문에 용감하게 들어간 것이었다.

'남묘호렌게쿄'라는 것은 어디서 들어 본 적이 있을 것이다. 나는 뭐가 이상하다는 걸 '남묘호렌게쿄'를 세 번 외치고 '감사합니다'를 하고 나서야 깨달았다.

"남묘호렌게쿄를 세 번 외치고 '감사합니다'라고 해 봐요."

"아, 네."

"남묘호렌게쿄. 남묘호렌게쿄. 남묘호렌게쿄. 감사합니다."

"남묘호렌게쿄. 남묘호렌게쿄. 남묘호렌게쿄. 감사합니다."

'생각한 거랑 좀 다른데? 나한테 무슨 일이 벌어지고 있는 거지?'

조심히 들어가서 안을 둘러보는데 생각보다 시설이 신식이었다. 보통 절은 목조 건물일 텐데 이곳은 벽돌 건물이었다. 거기서 이질감을 느꼈던 것 같다. 이상하다 싶은 건 이상한 건데 왜 고개만 갸웃하고 있었을까. 방 안에서 뭘 한참 만들고 계시던 아주머니가 나를 보더니 바로 나오셨다. 종교적인 이야기라서 대충 호응하면서 열심히 들었는데, 다른 건 잘 모르겠지만 일반적인 불교와는 조금 다르단 걸 느꼈다. 한국어로 불교 얘기를 해도 반만 알아들을 판에 일본어로 불교 얘기를 하니 인식률이 더 떨어졌다. 일단 고장 난 인형처럼 열심히 고개를 끄덕였다. 나중에 검색해 보니 이 종교의 정식 명칭은 '창가학회'라고 한다. 중간중간 아주머니는 '헤이세이 출생이냐?', '여기는 검색해 보고 온 것이냐?' 등을 물어보았다.

"그런데 당신은 어디서 왔어요?"

아마 어떤 지역에서 온 것이냐고 물어본 것이겠지만, 나는 너무 당황한 나머지 그만 출신(?)을 말하고야 말았다.

"한국이요."

"한국? 외국 사람이에요?"

"네…."

"그런데 자기가 헤이세이 출생이라는 걸 알아요?"

"네."

"어쩜…."

감격하신 눈치의 아주머니와 달리 속으로 울었다. 나는 내가 정확히 헤이세이 몇 년생인지까지 안다. 그리고 그걸 아는 이유는 워킹홀리데이 때 아르바이트 면접에 수도 없이 떨어지는 바람에 이력서를 스무 번 정도 써서 강제로 외울 수밖에 없었기 때문이다. 머쓱해하는데 아주머니는 당장 나를 이끌고 사무실로 가셨다.

"자, 비디오부터 봐요. 그럼 쉽게 우리를 이해할 수 있을 거예요."

"아, 네."

나는 정말 가끔 '아, 네'밖에 출력하지 못하는 병에 걸리는 거 같다. 그렇게 비디오를 다 보고 끝까지 환대받고 나오면서 친구들에게 연락했다. 연락하면서 다음에는 꼭 호코쿠지에 가고 싶다고 생각했다.

'나 호코쿠지 가야 하는데 비슷한 이름의 다른 절 가서 비디오 감상하고 남묘호렌게쿄 세 번 외치고 이름 적어 주고 과자 얻어먹고 일본어 잘한다고 칭찬받고 그러고 나왔어.'

다들 책에 쓸거리가 생겼으니 잘됐다고 해 주었다. 내 책 소재까지 걱정해 주는 다정한 친구들이다. 다음에는 꼭 호코쿠지에 가고 싶다(중요하므로 두 번 말한다).

천녀 전설과
용연의 종

에노덴을 타고 조금 이른 시간에 에노시마 신사 쪽으로 향했다. 지난 번에는 해가 거의 졌을 무렵에 가서 용연의 종을 보지 못했기 때문이었다. 이번 목표는 용연의 종과 에노시마 시 캔들 타워였다. 에스컬레이터 이용권을 구매했는데, 에노시마 시 캔들 타워와 패키지로 된 것을 700엔에 구매했다. 에스컬레이터만 이용하면 360엔이고 시 캔들 타워만 이용하면 500엔이니 둘 모두를 이용할 생각이라면 패키지를 이용하는 게 훨씬 저렴하다.

에스컬레이터는 처음 이용해 봤는데 그동안은 절약 겸 직접 계단을 올랐기 때문이다. '에스컬레이터를 타야만 보이는 것도 있다'라면서 핑계 아닌 핑계를 댔지만 사실 꽤 지쳐 있었다. 처음 타 보는 에스컬레이터는 맥이 빠질 만큼 단시간에 정상까지 나를 안내했다. 내부에는 꽤 아름다운 영상이 송출되고 있었다. 꼭 만화경을 들여다보는 것 같은 신비로운 느낌이었다. 하지만 나중에 또 에노시마에 가게 된다면 체력이 되는 한

계단을 이용할 것 같다. '에스컬레이터를 타야만 보이는 것'은 한 번으로 충분하다.

용연의 종은 에스컬레이터에서 내려서 꽤 걸어가야 하는데, 가는 길에 길고양이가 여럿 눈에 띄었다. 에노시마에는 길고양이가 제법 많은데 사람들을 피하지도 않는다. 용연의 종으로 가는 길목에는 가판대가 있었는데 길고양이 사진을 엽서로 뽑아서 팔고 있었다. 수익의 3분의 1은 고양이의 먹잇값으로 쓰인다고 한다. 아마 에노시마 사람들이 먹이를 챙겨주고 돌봐주다 보니 사람의 손길이 익숙해서 낯선 관광객들도 잘 피하지 않는 게 아닐까 한다. 그렇게 보면 이 공생 관계가 참 따뜻해 보인다.

용연의 종은 연인들에게 널리 알려진 명소인데 '천녀와 머리가 다섯인 용의 전설'을 바탕으로 1996년에 만들어졌다고 한다. 나쁜 짓을 일삼던 머리가 다섯인 용을 막기 위해 천녀가 내려왔는데 용이 그 천녀에게 반하며 나쁜 짓을 그만두었다는 전설이다. 이때 천녀와 함께 나타난 것이 바로 이 에노시마라고도 한다. 연인끼리 종을 울리고 자물쇠를 잠그면 사랑이 영원히 계속된다고 하여 주변은 자물쇠들로 가득하다.

용연의 종은 제법 늦은 시간까지 개방하지만, 동굴은 5시까지만 개방해서 이미 닫은 후였고 그 부근까지만 가볼 수 있었다. 동굴까지 가려면 복잡한 계단을 한참 내려가야 하는데 내려가면서부터 걱정했다. 이미 지친 몸뚱이로 이 계단들을 다시 올라올 수 있을까? 에노시마의 절경이라 할 수 있는 풍경들이 모두 거기 있었기에 그 걱정들은 노을 진 에노시마의 바다를 보는 순간 모두 씻겨 내려갔다. 힘겹게 찾아갈 만한 가치가 그곳에는 있었다.

하지만 이 계단들을 다시 올라올 수 있을까? 라는 걱정에 반전은 없었다. 내려갈 때의 0.3배속 정도로 기어가듯이 올라갔다. 그래도 후회는 없었다. 눈에 담긴 풍경이 나에게 기운을 불어넣어 주었다. 문제는 몸과 마음이 따로 논다는 것이었다. 내 옆에는 나와 똑같이 혼자 온 여자분이 있으셨는데 그분도 나처럼 헉헉거리며 계단을 오르고 계셨다. 우리는 계단이 끝나면 가쁜 숨을 고르며 눈에 다 담지 못한 풍경을 다시 담기 위해 바다 쪽을 돌아보았고, 다시 몸을 채찍질해 가며 계단을 올랐다. 그게 몇 번 반복되니까 서로를 보고 웃어 버렸다. 똑같이 멈춰 서서 똑같이 행동하고 있는 게 서로 웃겼던 것이다. 역시 사람 마음은 다 비슷하다.

마지막 힘을 쥐어 짜내어 에노시마 시 캔들 타워에 도착해서 에노시마의 전경을 내려다보았다. 도시의 반짝반짝한 야경과는 조금 달랐지만 에노시마만의 소박한 매력이 있는 야경이었다. 늘 노을이 질 무렵까지만 있다가 내려왔기 때문에 이렇게 늦은 시간까지 있었던 건 처음이다.

저녁은 길을 가다가 눈여겨본 피자 가게에 들어가서 화덕 피자를 시켰다. 에노시마 피자라는 이름의 피자는 치어를 듬뿍 올려준다고 한다. 한국에서는 먹을 수 없는 음식이고 요코하마나 다른 지역에서도 흔히 찾아볼 수 없기에 도전해 보았다.

막상 시키고 보니 짭조름한 것이 꼭 멸치볶음을 올린 피자를 먹는 기분이었다. 그래도 점심때 먹은 파스타보다는 훨씬 맛이 좋았던 것 같다. 너무 힘들고 지친 데다 맛있게 먹은 끼니는 이게 처음이라 외나무다리에서 원수를 만난 것처럼 피자를 물고 뜯었다. 누가 보면 며칠 굶은 사람인 줄 알았을 것 같다.

용연의 종 龍恋の鐘

주소 神奈川県藤沢市江の島2丁目5

운영시간 24시간(주변 시설은 다 4시경에 닫으니 주의!)

입장료 없음

정기 휴무 연중무휴

요코하마에서 보내는
편지 4
미로에게

미로 역시 X(구 트위터)를 통해서 알게 되었는데 같은 장르를 좋아하게 되면서 가까워졌다! 사는 지역이 멀어서 자주 보지는 못하지만 함께 있으면 마음이 편안해지는 좋은 친구다. 그래서 약한 소리도 하게 되는 것 같다.

미로에게

안녕, 미로. 오늘은 10월 12일이고 매우 쾌청한 요코하마에서 이 편지를 쓰고 있어. 이 엽서는 요코하마 인형의 집에서 산 건데 귀여운 족제비들이 미로에게 딱 어울리겠다고 생각했어. 어때? 마음에 들려나? 나는 오늘 회화하다 살짝 실패를 했어. 발음 문제로 외국인인 걸 들켜 버렸지(?) 뭐야. 외국인인 건 사실이지만. 사실 지금까지 발음이나 생소한 표현을 써서 들킨 적은 여러 번 있었고 그때마다 살짝 주눅은 들었지만 그래도 꿋꿋이 한마디라도 더 많은 말을 해보려 노력 중이야. 초반에는 정말 회화도 뭣도 안 되는 것 같아서(사실 긴장한 데다 자신감 부족이 컸는데) 절망해 있다가도 그래도 나는 여기서 한국말은 제일 잘한다!!(당연한 얘기) 하면서 고개를 빳빳이 들고 다시 입을 연 것 같아. 슬슬 귀국할 때가 되어 가네. 아쉬운 마음도 크지만… 마지막까지 잘 지내다 가도록 할게!!

179

6장

10월의 요코하마, 두 번째 이야기

봐도 봐도 색다른
요코하마

내 직업은 앞에서도 언급했지만 번역가다. 편식 없이 일을 소화하는 타입이라 게임 번역, 산업 번역(홈페이지 번역, 실문조사 번역, 팸플릿 번역 등을 주로 한다), 출판 번역 등 할 수 있는 건 다 한다. 가끔 글을 쓸 때도 있다.

요코하마 한 달 살기로 일본에 오게 되었지만 원래 파일로 일감을 주고받는 작업은 진행에 전혀 문제가 없었고 일부 택배로 일감을 주는 곳에만 '일본으로 한 달 살기를 갈 예정이니 잠시만 택배를 보내지 말아 달라. 급한 일감이 있으면 책 제목과 저자명, 출판사를 알려주면 현지에서 책을 구매해 번역 파일을 보내겠다'라고 해 두었다.

산업 번역은 대부분 타진打診이라고 해서 먼저 작업 가능 여부를 물어보고 작업을 의뢰한다. 간혹 아주 급한 일이 있으면 모월 모일 몇 시에 일을 보낼 테니 대기해 주실 수 있나요? 라는, 아주 정중한 메일이 도착한다. 이날이 딱 그런 날이었다.

다음 날 어딜 가야 할지 생각하고 있는데 메일 한 통이 도착했다.

고 님

늘 감사합니다. A 번역회사의 ○○입니다.

얼마 전 대응해 주신 건이 최종 체크만을 남겨두고 있는데, 작업자분이

내일 오전 9시쯤 파일을 보내주실 것 같습니다. 혹시 늦어도 오전 10시

까지 파일을 보내드리면 오후 12시까지 확인 후 회신해 주실 수 있을까

요?

그런 이유로 오후 12시까지는 컴퓨터를 쓸 수 있는 환경에서 움직이지

않기로 했다. 스타벅스에서 노트북을 꺼내놓고 일을 처리했다. 작업물

에서 수정할 부분이 많지 않아서 예상보다 1시간 반 정도 일찍 끝났고 한

숨을 돌리는데 점원이 나에게 말을 걸었다.

"저기…."

"네?"

"안녕하세요. 오늘이 저희 매장을 오픈한 지 20주년 되는 날이라 기념

하는 의미로 커피를 시음으로 나눠드리고 있어요."

작은 컵에 담긴 커피는 매장에서 판매하고 있는 콩으로 내린 것이라는

듯했다.

"아아, 감사합니다."

"네, 드셔 보세요."

"축하드려요, 20주년."

"아, 감사합니다."

환하게 웃는 점원을 보니 내 기분까지 좋아졌다. 번역회사의 컨펌 메일이 오기까지 기다리다가 점심때쯤 인근 아이오이초에서 점심을 먹은 후 조노하나 파크에서 계절 한정 밤 맛 소프트아이스크림을 먹고 야마시타 공원의 벤치에 앉아 느긋하게 쉬었다. 그리고 '참 한가하다…'라고 생각하고 있을 때였다. 이제 웬만큼 갈 곳은 다 갔기에 구름을 바라보며 어딜 갈지 고민하다가 불현듯 어떤 생각이 났다. 갈 곳이 없다?

"잠깐, 그럼 도쿄에 가면 되지 않나?"

요코하마가 너무 편하고 좋아서 그만 도쿄가 아주 가까이 있다는 사실 자체를 잊고 있었다.

이날은 12일이었는데 하루 종일 일을 하고 저녁에는 야마모토 씨가 알려주신 장어 덮밥집 '와카나'에 가보기로 했다. 비싸다고 미리 일러주신 만큼 정말 저렴한 곳은 아니었다. 기본 덮밥이 4,200엔이었기 때문이다. 더 비싼 건 6,000엔이었지만 이미 대충 가격표를 찾아보고 간지라 과감히 주문하기로 마음먹었다. 하지만 아무리 봐도 4,200엔짜리와 6,000엔짜리의 차이점을 알 수 없었다.

"죄송한데, 이 두 가지는 차이가 뭔가요?"

"크기가 달라요."

"크기만 다른가요?"

"네, 크기랑 양이 달라요."

그렇다면 더 고민할 건 없었다. 4,200엔짜리도 충분히 커 보였기 때문에 작은 쪽을 주문하기로 했다. 아니나 다를까 주문하고 실제로 받아보니 4,200엔짜리 기본 사이즈도 밥의 양이 상당히 많아서 밥은 끝끝내 다 먹지 못했다. 거기에 아카시루(붉은 된장국)를 추가로 주문했고 기본 반찬으로는 오신코(절임)가 제공되었는데 꽤 아삭아삭하고 맛있었지만 양이 적어서 아쉬웠다.

자리에 앉으면 계산할 때 쓰는 검은색 패와 젓가락, 차를 주시는데 계산대로 갈 때 받은 패를 들고 가면 거기 적힌 번호를 보고 정산해 준다. 약간 옛날 방식이다. 맥주도 같이 주문했는데 역시 요코하마에는 기린 맥주 공장이 있어서인지 기린 맥주가 제공되었다. 일본은 지역 브랜드를 사랑하는 마음이 남다름을 새삼 느낀다.

13일에는 돌아다니다가 차이나타운에서 모토마치로 넘어가는 곳쯤에서 브러시 전문 매장 가나야를 발견했다. 너무 놀라서 눈을 여러 번 끔뻑였다. 숙소가 차이나타운 부근인 데다 그렇게 돌아다닌 길인데 이 가게는 처음 보는 곳이었기 때문이다. 나중에 찾아보니 아사쿠사나 가마쿠라에도 지점이 있지만 전국적으로 매장이 있지는 않았다.

1914년에 생긴 이 가게는 각종 브러시를 취급하는 곳이다. 화장용 브러시를 시작해 빗자루, 붓, 머리빗까지 부드러운 브러시뿐만 아니라 빳빳한 솔, 단단한 빗까지 다루는 곳이다. 브러시 별로 소재나 재질은 물론 다르다. 말이나 돼지털 등의 천연 소재를 쓴다고 한다. 독특한 가게라 그런지 나처럼 구경하는 외국인들이 많았다.

그다음에는 무테키로에 가서 런치를 먹어보기로 했다. 런치는 두 가지였는데 내가 갔을 때는 이미 한 메뉴가 소진되었고 치킨 카레밖에 남아 있지 않아서 아쉽게도 메뉴는 좁혀졌다. 하지만 치킨 카레를 싫어하지 않아서 성큼 안으로 들어갔다. 밖에 있는 입간판에 맵다는 표시가 있었지만 사실 일본의 '맵다'는 잘 믿지 않는 편이어서 아무 감흥 없이 첫술

을 떴다.

"응? 와, 그래. 이게 매운 거지!"

나도 모르게 고개를 끄덕였다. 살짝 매콤한 맛이 나는 카레였는데 이 맛을 전에 간 알펜지로에서는 느낄 수 없었다. 맵다의 정의가 이제야 바로잡히는 느낌이었다. 그 정도로 일본에서 매운맛을 접해 보기 힘들었기에 오히려 난 이 매운맛이 너무 반가웠다.

접시를 싹싹 비우고 옆에 있는 우치키 빵 가게에서 저녁에 먹을 빵을 구매했다. 우치키 빵은 오랜 역사를 지닌 곳임에도 가격이 상당히 저렴해서 빵을 7개 정도 샀는데도 1,280엔 정도여서 감탄했다. 우리 집 근처에 우치키 빵집이 없어서 다행이다. 우치키 빵집에 있었다면 나는 빵으로 가산을 탕진했을 것이다.

할팽 가바야키 와카나 割烹蒲焼わかな

주소 神奈川県横浜市中区港町5丁目20

영업시간 11:00~21:00

정기 휴무 매주 수요일

요코하마의 온천 & 스파, 만요 클럽

빵으로 조금 일찍 저녁을 해결하고 일을 하다가 저녁에 거리로 나와서 슬슬 걸었다. 그렇게 걸어서 도착한 곳은 온천과 스파를 즐길 수 있는 요코하마 만요 클럽. 그동안은 가볼 엄두를 못 내보던 곳이었다. 가격이 2,950엔 정도로 저렴한 편은 아니기 때문이다.

엘리베이터를 타고 7층으로 올라가면 프런트가 있는데 우선 거기서 입장 안내를 받아야 한다. 자꾸 회원가입을 권유하는데 확실히 회원가입을 하면 가격이 저렴해지길래 "외국인도 가입이 되나요?"라고 물었다.

"혹시 국내 번호가 있으신가요?"

"아니요."

바로 주섬주섬 팸플릿을 집어넣으시는 걸 보고 상황 판단이 참 빠르시다고 생각했다. 홀린 듯이 접수해서 70분짜리 마사지를 받기로 했다. 마사지는 회원가를 적용하면 훨씬 저렴해지지만, 나는 외국인이라 회원가입이 불가능하기 때문에 입장할 때 받은 900엔 할인 쿠폰만 적용됐고 약

7,000엔 정도로 마사지를 받을 수 있었다.

라커룸에 옷을 벗어두고 일단 누가 내 몸을 만지는 거니까 가볍게 몸을 씻고 마사지를 받기로 했다. 옷 위로 마사지하는 거라서 그럴 필요가 없긴 했지만, 요는 기분 문제였다. 편안한 옷으로 갈아입고 마사지룸이 있는 아래층으로 내려갔는데 이곳의 안내가 부족해서 별도로 준 신발주머니를 내내 들고 다녔다. 혹시라도 신발을 신을 일이 있을까 불안했기 때문이다. 하지만 관내에 있는 동안은 신발을 신을 일이 없으니 신발주머니는 라커룸에 보관해도 된다. 나는 그것도 모르고 족욕탕이 있는 옥상까지 신발주머니를 신줏단지 모시듯 고이 챙겨 갔다. 졸지에 신발주머

니 지킴이가 됐다. 9층 옥상에 있는 족욕탕은 위치가 좋아서 이곳 요코하마의 상징과도 같은 관람차가 한눈에 들어온다. 미리 탈의실 쪽 기계에서 구매한 커피 우유를 마시면서 하나씩 카운트되어 가는 관람차의 전자시계를 바라보며 족욕을 즐겼다. 날이 찬 탓인지 물은 미지근했지만 기분이 좋았다.

이곳은 층마다 다르게 구성되어 있는데 2~3층은 주차장, 4~5층은 마사지 등을 해주는 리프레시 공간, 6층은 식사 공간, 7층이 프런트 및 대욕탕, 8층이 오락시설 및 만화 같은 것이 있는 곳이었다. 만화는 종류가 그렇게 많지 않다. 9층 옥상은 족욕탕이 있는 곳이다. 원래 욕탕에 느긋하게 몸을 담그는 걸 즐기는 타입이 아니라서 10분만 있어도 몸이 근질근질한데, 이곳은 즐길 거리가 충분해서 시간 가는 줄을 몰랐다. 실제로 한 3시간 동안 머물며 즐겼다.

대욕탕에 족욕, 노천탕까지 즐기고 나가는 길. 나가는 길목에는 선물 코너가 있는데 각종 요코하마의 특산 과자나 요코하마 기념품, 욕탕에 비치되어 사용했던 샴푸, 컨디셔너, 보디소프, 타월 등을 살 수 있다.

마사지 덕분에 입욕비가 한껏 비싸져 약 1만 엔을 기계 정산기로 정산했다. 신용카드로 결제할 때는 기계로 정산 가능하고 현금으로 입욕비를 내려면 직원이 있는 카운터로 가서 정산해야 한다. 결제를 마치면 퇴장용 바코드를 주는데 그 바코드를 찍어야만 밖으로 나갈 수 있다.

인접성이 좋고 뷰가 좋은 곳이어서 관광을 즐기기에 적당한 곳이라고 생각한다. 개인적으로 여기 거주하면서 자주 찾기에는 조금 사치스러운 곳이라는 느낌이 들었다.

요코하마 미나토 미라이 만요클럽 横浜みなとみらい万葉倶楽部

주소 神奈川県横浜市中区新港2-7-1

영업시간 24시간 영업

입장료 3세 미만 무료, 3세~미취학 아동 1,040엔, 초등생 1,540엔, 성인

2,950엔(이용 시설에 따라 다름)

정기 휴무 연중무휴

친구 N양과
요코하마 투어

주말은 도쿄에 거주하는 자칭 외국인 노동자 N 양이 요코하마로 놀러 와서 1박을 하기로 했다. 내가 쓰는 룸이 2인실이어서 침대가 넓은 편이었는데, 미리 물어보니 추가 요금만 내면 된다고 해서 내가 묵는 호텔 방에서 1박 하기로 하고 2천 엔을 추가 지불했다. 어메니티를 받은 뒤 챙겨 온 짐들을 내려두고 우선 예약해 둔 레스토랑으로 향했다.

원래 N 양은 메르헨한 걸 좋아하는데 대체 어떻게 안 것인지 미녀와 야수 콘셉트의 레스토랑을 찾아서 예약한 것이다. 나는 차이나타운과 가까운 곳에 이런 동화풍 레스토랑이 있는 줄도 모르고 있었다. 꽤 이색적이었다.

"이런 곳은 대체 어떻게 찾았어?"

"검색해 보니까 나오던데?"

하지만 좀 뜬금없기는 한지 이용객이 많지는 않았다. 마치 고궁에서 서양을 배경으로 한 오페라를 보는 기분이었다고 해야 하나…. 분위기가 상당히 따로 놀았다.

우리는 오므라이스를 메인으로 한 코스 요리를 먹었다. 전채로 연어 샐러드가 제공되었고 음료수와 디저트까지 제공되는 코스였지만 가성비로 따지면 그다지 추천하기는 어려울 듯하다. 우리가 한국어와 일본어를 섞어서 쓰니까 점원분이 일본어를 너무 잘한다고 칭찬해 주셨다. 살짝 낯간지러운 느낌이었다.

모토마치를 살짝 둘러보다가 슬슬 걸어서 에노키테이로 향했다. 주말의 에노키테이는 처음 가보았는데, 아니나 다를까 사람이 굉장히 많았

다. 에노키테이의 1층은 취식 공간이고 외부 테라스까지 좌석을 놓았는데 거기까지 꽉 찰 정도로 사람이 북적북적했던 것이다. 다행히 우리는 오랜 대기 없이 바로 자리에 앉을 수 있었다. 타이밍이 좋았는지 우리 뒤로 줄이 길게 늘어선 게 보였다. 원래 크림티를 시키려고 했는데 하필 품절이라고 해서 하는 수 없이 케이크 세트로 변경했다.

바글바글한 사람들을 보고 기겁해서 다신 주말에 올 일이 없으리라고 생각했기에 주말 한정 프루트 타르트를 먹었다. 나만 그런 걸 수도 있지만, 이제 사람 많은 곳에 가면 낯설다. 평소 늘 혼자 일해서 그런가 보다.

모토마치에서 에노키테이까지는 모토마치 공원을 거쳐 한참을 올라와야 했는데, 기왕 올라온 거 우미가미에부오카 공원까지 가보기로 했다. 건담 팩토리의 건담까지 보인다. 분명 4년 전까지는 없었던 것 같은데…. 건담과 요코하마가 무슨 연관인 건지 통 모르겠다.

다시 내려와서 야마시타 공원으로 가는 길, 차이나타운을 지나다가 갑자기 점을 보고 싶다는 N 양의 말에 점도 보고 아카렌가소코를 좀 구경하다가 크루즈 탑승 시간이 되어 음료수 티켓을 받아 배에 올랐다.

크루즈라지만 배를 탄 건 유치원생 이후 처음이었다. 아니, 유치원 때도 유람선에 탄 게 고작이었다. 그래서 멀미를 하지 않을지 조금 긴장했는데 다행히 그런 일은 없었다.

음료는 주하이(소주에 약간의 탄산과 과즙을 넣은 음료), 맥주 등으로 한정되어 있었는데 내가 마신 건 지역 한정 오다와라 레몬 주하이였다. 친구도 같은 것을 마셨다. 배 위에서 바라보는 야경이 각별히 아름다워서 안 탔더라면 정말 후회할 뻔했다. 배가 인근 공장지대를 쭉 훑고 지나오는데 공장지대마저도 특별하게 보일 정도였다.

배에서 내렸을 때는 시간이 이미 9시 정도였고 웬만한 식당은 다 닫은 상태였다. 우리는 제대로 된 저녁을 먹지 못한 상태라 원래는 이자카야 체인점에 가려고 했지만, 우연히 호텔 근처에 있는 다른 곳이 눈에 띄어서 들어갔다. 그리고 그곳이 제대로 당첨이었다!

잇챠가라는 이름의 가게는 미야자키 향토 음식을 파는 특이한 곳이었다. 우리는 배를 채우기 위해 부지런히 음식과 술을 시켰다. 직원분들이 계속 우리 테이블을 돌아다니며 많이 신경 써 주시는 게 보여서 감사했다. 둘만 있을 때는 한국어를 쓰니까 외국인인 걸 알고 더 챙겨주시려고 하는 듯했다. 물어보지도 않은 와이파이를 연결해 주겠다고 하시고 추천해 준 술은 입에 맞냐고 물어보시는 등, 남다른 배려가 엿보였다.

음식도 입에 맞고 술도 맛있어서 여자 둘이 약 11,000엔어치의 음식과 술을 먹고 나가려는데 갑자기 어떤 여자분이 우리에게 인사를 건네셨다. 그분은 이곳의 사장님이셨다!

"음식은 맛있으셨어요?"

"네, 정말 다 맛있었고 일본주가 특히 좋았어요. 여기 오길 잘한 것 같아요."

"감사합니다. 일본어도 정말 잘하시네요. 우리 딸도 작년에 한국에 다녀왔었는데."

그러고는 우리 테이블을 유독 신경 써 수시던 남자 직원분을 옆에 세우셨다.

"남매예요."

"와, 어쩐지! 대단하다. 엄청 친절하셨어요."

그분은 나에게 와이파이를 알려주고 친구에게 일본주를 열심히 추천해 주신 분이셨다. 너무 열심히 챙겨주셔서 이분이 사장님이신가? 제

법 합리적인 의심을 해 봤을 정도였다. 우리가 주변을 두리번거리면 누구보다 먼저 다가와서 뭐가 필요하시냐고 물어봤고, 일본주 맛을 부지런히 설명해 주셨다. 일본주가 입맛에 맞는다고 하면 기뻐해 주셨고 말이다. 가게에 대한 애정이 느껴지더라니 그런 사정이 있었구나! 나와 친구는 고개를 끄덕였다.

나는 일주일 후면 귀국한다고 했더니 사장님과 사장님 동생분은 잘 가라고까지 말씀해 주셨다. 요코하마의 좋은 술집을 하나 안 것 같다. 이제 나는 요코하마의 좋은 술집을 안다고 자랑스레 추천할 수 있겠다. 지하에 있던 술집이라서 계단을 올라오면서 친구에게 말했다.

"근데 우리 엄청 많이 먹었나 봐. 사장님이 마중까지 나오시게…."

실제로 제법 두둑이 먹긴 했다. 한 인당 6~7천 엔 정도? 그저 웃고 말았다.

그다음 날, 미리 N 양과 얘기해 둔 것이 있었다. 점심으로는 꼭 '만친루'의 점심 코스 요리를 먹고 싶다는 것이었다. 만친루 코스 요리는 2인부터 주문할 수 있어서 평소에 혼자인 나로서는 도저히 주문할 수 없었고 늘 앞을 지나가며 손가락만 쪽쪽 빨아야 했다.

만친루에 들어서는 순간, 고급스러운 느낌에 주춤했다. 안내해 주는 직원이 따로 있는 것은 물론이고 따로 대기석이 있는데 그 대기석이 무척 고급스러운 의자였기 때문이다. 과거 황실에서나 썼을 법한 의자 같은 느낌이었다. 우리는 오래 대기하지 않고 엘리베이터를 타고 바로 2층으로 가서 자리에 앉았다. 귀여운 동자들이 그려진 접시가 우리를 맞이

한다.

코스는 꽤 푸짐하게 구성되어 있었고 점심에 이용할 수 있는 코스 중 우리는 주작 코스라는 두 번째로 비싼 코스를 주문했다. 점심의 코스는 각각 2,800엔, 3,500엔, 5,000엔으로 구성되어 있는데 역시 뭐로 할지 망설여질 때는 가운데가 무난하다.

코스는 전채와 수프, 칠리소스에 버무린 흰살생선, 튀김 요리, 볶음밥, 차, 안닌두부 등으로 구성되어 있었다. 볶음밥이 맨 마지막에 나왔는데 잘게 썬 양파가 듬뿍 들어가서 식욕을 자극했지만 앞서 나온 요리들 때문에 배가 너무 부른 상태라 많이 남겨야 했다. 3,500엔이 이 정도면

5,000엔은 얼마나 호화스럽고 양이 많겠냐고 너스레를 떨었다.

식사를 마친 후 거리로 나오니 다시 부슬부슬 비가 내렸고, N 양은 도쿄에 있는 자기 집으로 돌아갈 시간이 되었다. 나는 N 양을 인근 모토마치·주카가이역까지 배웅했고 그렇게 헤어졌다.

호텔에 와서 이것저것 하다 보니 시간이 훅 갔고 가방을 교체하면서 소지품을 체크하는데 기분이 이상했다. 뭔가 자꾸 부족한 느낌이 드는 것이다.

"어?! 이거 커버 어디 갔어?"

와이파이 기계의 전지 커버가 사라져 버린 것이다. 수줍게 옷을 벗은 배터리를 보는 내 심정은 참 복잡했다. 이걸 일부러 벗기려고 해도 벗기기 힘들 텐데 왜 벗겨진 건지 참 기이하다. 언제 어디서 잃어버렸는지 짐작도 가지 않아서 열심히 찾지는 않았다. 방을 대강 훑었지만 찾을 수가 없어서 바로 와이파이 대여 업체 사이트로 들어가서 부품 분실 시의 대처법과 분실 시의 배상금을 알아봤다. 하지만 후에 놀랍게도 와이파이 전지 커버를 찾았다. 호텔을 청소하시는 분이 찾으셨나 본데 버리지 않고 침대에 올려두셔서 다시 업체에 연락한 끝에 배상금을 환불받게 된 것이다. 배상금은 1,080엔 정도로 큰돈은 아니었지만 생돈이 나가지 않는다는 것만으로도 충분히 감사했다.

잇챠가 요코하마 간나이점 いっちゃが 横浜関内店

주소 神奈川県横浜市中区相生町１丁目18-1 ティーエスケービル B1

영업시간 17:00~23:30

정기 휴무 부정기 휴무

만친루 본점 萬珍樓本店

주소 神奈川県横浜市中区山下町153番地

영업시간 평일 11:00~15:00, 17:00~22:00, 주말·공휴일 11:00~22:00

정기 휴무 월요일(월요일이 공휴일이면 영업함)

요코하마의 명물,
이에케 라멘

나중에 찾을 것이라는 걸 당연히 잃어버린 당시에는 몰랐기에 조금 낙담한 상태에서 저녁에는 요코하마 이에케 라멘집을 찾았다. 요코하마의 명물 중 하나라는 걸 우연히 알게 되어서 찾아갔는데, 나중에 바에서 만난 야마모토 씨에게 추가로 설명을 듣자 하니 요코하마 원조 라멘집에서 배우던 사람들이 나와서 차린 곳이 이에케家系 라멘집이라고 한다. 프랜차이즈 개념은 아니고 일정 수준에 오르면 독립을 허락받는 방식이다. 원래 '家系'라는 한자는 가케이라고 읽기 때문에 나도 무의식중에 '오늘 가케이 라멘을 먹었어요!'라고 했더니 요코하마분이 '이에케'로 정정해 주셨다. 이에케는 고유명사로 자리를 잡은 모양이다.

이에케 라멘집 중 가장 유명한 곳은 이에케 라멘의 총본산이라고 불리는 '요시무라야'라는 곳인데 이날은 그냥 인근 모토마치에 있는 곳으로 갔다. 가게 안은 이미 사람으로 가득했는데 여자 혼자 온 사람은 내가 유일했다. 원래 소고기 덮밥집이나 라멘 가게 같은 곳은 여자 혼자 들어가서 먹는 경우가 드물다고, 워킹홀리데이 시절에 들은 적이 있다. 하지만 혼자 여행 온 내가 그런 걸 일일이 신경 쓰다가는 쫄쫄 굶게 될 것이다!

다소 굵고 통통한 면에 돈코쓰 시오 베이스의 국물치고는 농도가 꽤 진했다. 김을 꽤 많이 넣어줘서 차슈를 싸 먹어도 보고 면을 싸 먹어도 보고 그냥도 먹어봤다. 특이하게 시금치 같은 것이 들어서 아삭아삭하게 씹혔다. 하지만 맛은 아쉽게도 그럭저럭이었다. 이곳은 아르바이트 생들을 중심으로 꾸려 가는 가게인지 일하는 모든 사람이 일본어가 아닌 다른 외국어를 쓰고 있었다. 편견일지 모르겠으나 전문적으로 라멘 만들기를 하는 사람은 없어 보였다.

"조금 아쉬워요. 정통 이에케 라멘도 먹어 보고 싶었는데."

"그럼 요코하마역 인근에 아주 유명한 이에케 라멘 가게가 있는데 검색해 볼래?"

전지 커버를 잃어버린 데다가 마음먹고 먹으러 간 이에케 라멘도 반쯤 실패. 내가 푸념하자 정통 이에케 라멘을 못 먹어본 불쌍한 나를 위해 야마모토 씨가 자기가 아는 곳 중 요코하마에 있는 새로운 가게를 추천해 주었다. 그렇다, 야마모토 씨를 만났던 바를 다시 찾은 것이다.

요코하마의 바,
리턴즈

앞에서도 언급했지만 원래 여행 계획을 짤 때 '바'는 전혀 선택지에 없었는데 야마모토 씨 같은 좋은 분을 만나서, 바에 한 번 더 가겠다고 약속을 한 것이다. 야마모토 씨도 자기가 언제 온다는 것을 알려주어서 시간을 맞추어 가보았다. 야마모토 씨와 내 시간대가 맞는 날은 이날이 마지막이었고 사실상 이번 여행에서의 마지막 만남이었다. 야마모토 씨는 내가 들어가자마자 마스터보다 더 반겨주셨다.

"고 씨! 이리 앉아요."

요코하마에서 나를 이렇게 반겨주는 사람들을 만났다는 사실이 너무나도 기쁘다. 내 실루엣을 보자마자 '어, 저거 혹시 고 씨 아냐?' 싶으면서 반가우셨다고 한다. 이번에는 바로 옆자리로 오라고 해서 또 이런저런 이야기를 나누었다. 이에케 라멘 가게 추천도 이때 받았다. 가마쿠라나 하세데라 불상 이야기도 여기서 들었다. 야마모토 씨는 전쟁을 겪은 세대여서 자신이 한국을 다녀온 이야기도 해주셨는데 대부분 내가 태어나기도 전에 일어난 일이었다. 하지만 이렇게 세대가 달라도 즐겁게 떠들 수 있다는 점에서 이 요코하마는, 이 요코하마의 바는 참 신비한 곳이다.

중간중간 야마모토 씨와 마스터의 지인분이 와서 그분과도 짧게 이야기를 나누고, 이곳만의 오리지널 칵테일도 먹어보았다. 마스터와 마스터의 남편분이 함께 개발한 칵테일이라는 소개에서 고개를 끄덕이는데 갑자기 야마모토 씨가 폭탄(?) 발언을 하셨다.

"그건 마스터랑 마스터의 남편이 같이 개발한 거야. 뭐, 지금은 없지만."

"아, 굉장하다~. 네?!"

야마모토 씨가 눈짓으로 가리키는 쪽을 보니 마스터의 남편분인 듯한 남성의 사진이 있었다. 뉘앙스로 보아 이미 세상을 떠나신 듯했다. 난데없는 사실에 마시던 칵테일을 뿜을 뻔했다. 나중에 알고 보니 과거에는 남편분과 같이 바를 운영하셨고, 지금은 마스터 혼자 이 바를 지키고 계신 모양이다.

마스터는 다른 손님들을 상대하시면서 틈틈이 나의 서포트까지 해 주셨다. 곱창 김을 설명하기 어려워하면서 횡설수설하고 있으면 내 얘기를 딱딱 정리해서 '요약하자면 씹는 맛이 있는 그런 음식이란 거 아니야?'라는 식으로 정리해 주셨다.

"맞아요, 그거예요! 마스터는 천사예요!!"

내가 너무 기뻐서 나도 모르게 그렇게 말하면 마스터는 큭큭거리며 웃으셨고 야마모토 씨는 옆에서 내 성대모사를 하고 계셨다. 유쾌하신 분이다.

한국에서 올 때 지인의 조언으로 김 같은 반찬거리를 몇 가지 챙겨왔는데 그중 낱개 포장된 김이 있어서 그걸 드리면 어떨지 수도 없이 고민했다. 야마모토 씨가 첫 번째 술자리에서 술을 사주서서 너무 감사하고 나도 뭔가를 드리고 싶었기 때문이다. 하지만 안 주느니만 못한 너무나도 소소한 선물이어서 이걸 줘야 할까, 말아야 할까 한참을 고민했다. 그래도 아무것도 안 준 채로 가기는 싫어서 용기 내어 김을 꺼냈다.

"이것밖에 가진 게 없어서….”

그러자 야마모토 씨는 그걸 받아 들더니 이게 뭐냐고 물으셨다.

"한국 김이에요.”

그리고 한참을 흥미롭게 돌려보시더니 나에게 이렇게 말씀하셨다.

"고나, 이건 받겠지만 이런 건 안 줘도 돼. 우리는 친구니까.”

"아….”

나는 그 말이 너무 감사했다. 나는 30대고 야마모토 씨는 70대서서 비록 나이 차는 크지만 우리 사이에 벽은 없었다. 그게 얼마나 기쁜 일인지 지금 생각해도 가슴이 벅차오른다.

"그리고 연상이니까 이 정도는 내가 살 수 있어.”

"엥? 또 사신다고요?! 안 돼요!”

야마모토 씨는 참 유쾌한 분이셨다. 결국 첫 번째도 두 번째도 전부 얻어먹기만 해서 미안한 마음이 컸지만 말이다. 내년 봄쯤 또 올 예정이라고 하니까 이번에는 미리 연락을 주라고 하시면서 연락처를 주셨다. 내가 로밍을 하지 않아서인지 내가 야마모토 씨 휴대폰으로 전화하면 신호가 가는데, 반대로 야마모토 씨가 내 번호로 전화하면 신호가 가지 않았다. 그래서 결국 이메일을 추가로 주고받았다.

모든 인연에는 때가 있다고 하는데 나는 이렇게 좋은 인연을 만나기 위해 요코하마에 온 모양이다.

탑층을 반드시 올라가 봐야 하는
도쿄 타워

어느 월요일 아무 생각 없이 우에노에 가고 싶어졌고, 우에노행 전철에 몸을 실었다. 그것까지는 좋았는데 우에노 공원 쪽에 사람이 너무 없어서 갑자기 불안감이 스멀스멀 몸을 타고 올라왔다. 조사 부족이었다. 우에노 동물원을 비롯한 우에노의 수많은 시설이 월요일은 휴관이다.

그 사실을 안 순간 그냥 요코하마로 다시 돌아가고 싶다는 충동을 느꼈다. 요코하마가 정말 편하기는 한 모양이다. 하지만 여기까지 오는 데 든 편도 약 600엔의 교통비가 너무나도 아까워서 온 김에 도쿄의 다른 명소를 돌아보기로 했다.

여기저기 왔다 갔다 하다가 해 질 녘이 되어 향한 곳은 도쿄 타워였다. 도쿄 타워도 안 간 지 꽤 오래되었는데 한 7년 만에 가보는 듯하다. 전에도 있었는지 모르겠는데 더 높게 올라갈 수 있는 탑층 플랜이 생겨서 이번에는 그걸 이용해 보기로 했다. 가격은 3,000엔이었다.

처음에는 너무 비싸다 싶었는데 다음에 도쿄 타워에 온다면 무조건 3,000엔을 내고 이 플랜을 또 이용할 것 같다. 유리창의 재질이 다른지 바깥 풍경이 훨씬 잘 찍혔기 때문이다. 메인층은 유리창에 사람이 반사돼서 사진을 다 망쳤는데 탑층은 반사가 덜 됐다.

이 탑층에 올라가는 시간은 정할 수 있다. 메인층까지 올라가서 별도의 엘리베이터를 타고 더 올라가는데, 사람이 몰리지 않게 시간대별로 예약을 받아서 올려보내는 방식이다. 원래 나는 5시 15분쯤 올라가려고 했는데 직원분이 오늘의 일출과 일몰 시간표 같은 걸 꺼내시더니 그 자료들을 가리키며 이렇게 말했다.

"오늘의 해 지는 시간은 5시 5분이에요."

싱글벙글 웃는 그 직원을 보고 나는 속으로 생각했다.

'매일 해 지는 시간을 알아야 하겠구나. 세상 특이한 직업이네.'

"아, 감사해요. 그럼 4시 45분으로 할게요."

"네, 그럼 올라가서 조금 기다리시면 될 거예요."

메인층으로 갔을 때는 이미 4시 30분경이어서 하늘이 갓 구운 빵처럼 노릇노릇해져 있을 때였다. 그리고 45분쯤에 줄을 서서 탑층으로 올라갔고 웰컴 드링크를 대접받았다. 웰컴 드링크는 레몬주스와 녹차 두 종류였는데, 나는 레몬주스를 마셨다. 양심껏 말하자면 레몬주스는 내 취향은 아니었다. 곳곳의 사진을 찍는데 창밖에 뾰족하게 튀어나온 그림자가 보여서 나도 모르게 심장이 두근거렸다.

"저, 저거. 혹시 후지산인가요?"

"네, 후지산이에요."

"굉장하다…!"

직원분은 이런 질문에 익숙한 듯했다. 날이 맑아서 도쿄에서도 후지산이 보인 듯했다. 도쿄 타워 자체도 오랜만이지만, 탑층까지 올라온 건 처음이었는데 정말 후회 없는 선택이었다. 360도로 내부를 돌면서 사진을 충분히 찍고 꽤 오랜 시간을 탑층에서 버티다가 내려왔다.

길을 걷는데 전에 워킹홀리데이 때 같이 아르바이트하던 A 군이 추천

해 준 히노야 카레가 있었다. 마침 저녁때였고 그걸 아직도 기억하는 게 용하다 싶어서 안으로 들어갔다. 오랜만에 먹는 카레에서는 역시 추억의 맛이 났다.

도쿄 타워 東京タワー

주소 東京都港区芝公園 4 丁目2-8

운영시간 메인덱 09:00~22:30, 탑덱 09:00~22:15

입장료 메인덱 - 4세 이상 500엔, 초등생·중학생 700엔, 고등학생 1,000엔, 성인 1,200엔, 탑덱(현장 구매 기준) - 4세 이상 1,400엔, 초등생·중학생 2,000엔, 고등학생 2,800엔, 성인 3,000엔

정기 휴무 연중무휴

이에케 라멘의 총본산 요시무라야와
모토마치의 크래프트 맥주

다음 날, 요코하마의 전경을 공짜로 바라볼 수 있는 '풍경 치트키' 오산바시에 갔다. 날이 매우 좋았다. 물결조차 아름다운 것이 정말 여길 며칠 후에 떠나야 한다는 현실이 믿기지 않았다. 귀국까지 한 손에 꼽는 날짜가 남은 시기였다. 사실은 믿고 싶지 않았던 걸지도 모른다.

이날은 요코하마역 근처에 있는 '요시무라야'에 갔다. 야마모토 씨가 추천해 준 이에케 라멘의 총본산인 가게이자, 이에케 라멘집 중에서는 가장 유명한 곳이다. 이곳이 요코하마 라멘의 원조라면 꼭 가봐야겠다고 콧김을 내뿜으며 단단히 벼르고 갔다. 그리고 엄청나게 긴 줄 앞에서 어깨를 축 늘어뜨렸다.

전에도 생선 베이스로 한 국물에 생선 살이 들어가는 유명 라멘 가게에서 약 2시간을 기다렸던 적이 있는데, 그때의 악몽이 되살아나는 듯했다. 그래도 다행인 점이 있다면 그때처럼 줄이 길어 보이진 않았다는 것이다. 터덜터덜 걸어서 한 남자분 뒤에 섰는데 갑자기 그분이 뒤로 돌아

서셨다.

"저기요."

"네?"

"여기가 끝줄이 아니에요."

"네?!"

바로 직원이 후다닥 달려와 서 새로 오신 거면 뒤로 가서 왼쪽으로 꺾으면 끝줄이 있다고 했다. 가리 키는 쪽을 보니 또 다른 직원분이 이쪽이라는 걸 전하기 위해 힘껏 손을 내젓고 계셨다. 가봤더니 세상에, 라멘 먹으러 이렇게 많은 사람이 줄을 서 있을 줄이야. 가게 앞 예상 대기 시간표에 '1시간'이라고 적힌 걸 보고 빈말인 줄 알았는데 이만하면 1시간, 아니, 그 이상도 대기해야 할 듯했 다. 줄을 서서 시간을 재보니 딱 1시간 반 후, 겨우 내 차례가 돌아왔다. 라멘이 이렇게 먹기 힘든 음식인 줄 처음 알았다.

카운터에 앉으니 오늘 나의 점심을 책임질 셰프(?)께서 질문을 던졌 다.

"국물은?"

처음 온 것이라서 갑자기 이게 무슨 소리인가 싶어서 어안이 벙벙한 채로 있다가 어찌어찌 입을 뗐다.

"그냥 주세요…?"

"아, 보통이요. 네, 다음."

잘 들어 보니 옆 사람은 '더 진하게(濃いめ)'라고 주문하고 있었다. 아

까 그 질문은 국물의 농도를 물어본 것인가 보다. 그렇게 진한 국물을 선호하는 편이 아니라서 보통으로 주문하길 잘했다고 생각했다. 실제로 먹어보니 국물은 생각보다 진했다. 이건 이에케 라멘의 공통점인가 보다.

그런데도 진한 국물로 달라는 사람이 있는 게 신기했다. 나한테는 충분히 진한데 말이다. 차슈가 꼭 코끼리 귀처럼 생긴 게 특이했으며 얇고 컸다. 면은 역시 굵고 통통했고 부드러웠다. 차슈와 면 모두 부드러워서 씹기에도 편했다. 과연 줄을 설 만한 맛이었다. 일전에 먹은 이에케 라멘과 조금 다르다는 걸 알 수 있었다. 역시 총본산이란 이름은 폼으로 단 게 아닌 모양이다!

그리고 호텔에 가서 일을 조금 한 다음, 오늘은 야마모토 씨의 추천 리스트대로 하루를 보내보자고 생각했다. 야마모토 씨는 나에게 많은 요코하마의 명소를 추천해 주었는데 그중 하나가 '모토마치의 맥주'였다. 모

토마치의 크래프트 맥주가 유명한 듯하다.

차이나타운 구석진 곳에 있는 크래프트 맥주를 판매하는 술집을 찾아서 들어갔는데 그곳에는 이미 선객이 있었다. 그분은 금발에 파란 눈을 가진 외국인이었다. 영어를 잘못하는 나는 얘기를 나누기는 힘들겠다고 생각했다. 술집은 부부가 운영하시는 듯했는데 남편분 역시 외국분이셨고, 외국인 손님은 그 남편분의 친구인 듯했다. 참고로 이곳은 직접 맥주를 만들지는 않지만 사쿠라기초에 있는 양조장에서 만든 맥주를 가져온다고 한다. 요코하마의 맥주를 파는 곳을 제대로 찾아간 것이다!

유일한 동양인이던 여자 사장님의 추천을 받아 요코하마뿐만 아니라 다른 지역의 크래프트 맥주를 마시면서 혼자 술을 즐기고 있는데 갑자기 옆에서 불쑥 목소리가 튀어나왔다.

"오, 저는 단골인데 여기가 처음인가 봐요?"

"네?"

발음은 다소 어색했지만 유창한 일본어에 당황했다. 나도 모르게 금발

의 외국인은 일본어를 못할 것이라는 편견을 가진 모양이다. 알고 보니 결혼해서 여기 거주 중인데 아내분이 재일교포였다. 우리 ○○는 전쟁통에 아버지를 따라 일본으로 이주해 오사카, 나라, 나고야 등을 전전하다가 요코하마에 정착해서 자기를 만나 결혼했다… 는 설명이 추가되었다. 만난 지 10분 만에 벌어진 일이었다. 엄청난 인사이더력에 쩔쩔매면서도 대화를 이어나갔다.

"요코하마에 살면 즐거우시겠어요."

"네, 그렇죠. 여기(일본)에 살다 보면 힘든 일도 있고 좋은 일도 있어요."

같은 외국인으로서 그 마음을 충분히 이해한다고 생각했다. 사실 어딜 가나 힘든 일, 좋은 일은 따라다닐 것이다. 다만 그게 내 나라에서 벌어지는 일이 아니란 것만으로도 조금 더 서러운 느낌도 알 것 같다. 워킹홀리데이 때 느껴봤으니까 말이다.

저녁 먹을 겸 온 거라서 피자를 안주 겸 식사로 시켰는데 단순하지만 나쁘지 않은 맛이었다. 옆에 앉으신 분께도 큰마음 먹고 한 입 드셔 보시라고 권했더니 바로 거절하셨다.

"오, 나는 많이 먹어봐서 괜찮아요!"

그리고 연신 안주도 없이 맥주만 들이켜는 모습을 보고 캐릭터가 참 강렬하다는 생각을 했다. 여담이지만 피자는 반죽부터 토마토소스까지 남자 사장님이 직접 만드신다고 한다. 내가 맛있다고 여자 사장님께 전하니 여자 사장님이 그 말을 주방에 전해 주셨는데 너무나도 우쭐해하시면서 이렇게 말씀하셨다.

"응, 우리 집 피자는 맛있지. 왜냐하면 내가 만들었으니까."

이분도 캐릭터가 강렬하다고 생각했다.

작은 매장이었지만 느낌이 나쁘지 않은 곳이었다. 추천하는 여행지가 있냐고 물어보았는데 여자 사장님이 오산바시를 추천해 주셨다. 오산바시는 호텔에서 도보 15분 거리라서 갈 곳이 없으면 가는 곳인 데다, 거의 한 달 가까이 여행 중이어서 웬만한 곳은 다 가봤으니⋯ 아쉽지만 가보겠다고 하고 대화를 매듭지었다.

이에케 총본산 요시무라야 家系総本山 吉村家

주소 神奈川県横浜市西区岡野1-6-4

영업시간 11:00~20:00

정기 휴무 월요일(월요일이 공휴일이면 영업하고 익일 휴무)

우에노에 재도전하기와
요코하마 랜드마크 타워 방문

18일, 도쿄 우에노에 재도전하기로 마음을 먹었다. 간나이에서 JR을 타고 한 방에 갈 수 있어서 멍을 때리다 보니 어느새 도착했다. 내려서 일단 점심부터 먹기로 했다. 선택한 곳은 세이요켄이었다. 세이요켄은 1876년 우에노 공원 개설에 따라 시노바즈노이케의 논두렁 자리인 현재 위치에 지어졌는데, 이후 로쿠메이칸 시대의 화려한 사교장으로서 국내외의 귀족이나 각계의 명사들이 모이는 공간으로 쓰였다고 한다. 메이지부터 현대 레이와까지, 약 한 세기 반 동안 전통을 유지해 온 데다 서

양의 맛을 일본에 소개하고 양식의 기초를 쌓아 올리는 데 크게 일조했다.

세이요켄의 비프스튜에는 옛날 방식 그대로 만드는 데미글라스 소스가 들어간다고 해서

주문했다. 그리고 레몬 스카시도 주문했는데 이 레몬 스카시가 의외로 정말 맛있었다. 고기가 아주 부드러웠고 메뉴판에는 계절별로 다른 채소가 들어갈 수 있다고 쓰여 있는데 그 말처럼 전에 왔을 때와는 들어간 재료가 조금 달라 보였다. 그렇다고 맛에 큰 차이가 있는 건 아니었다. 역시 전통을 지켜온 곳인 만큼 맛도 일정하게 유지하나 보다.

식사 후에는 바로 동물원으로 향했다. 일반 입장권은 600엔. 표에 들어가는 동물은 랜덤인 듯한데 나는 기니피그가 들어간 표를 받았다. 판다가 들어가는 표를 받으려면 꽤 힘들겠다는 생각이 들었다. 그런 생각을 한 이유는 요즘 판다가 꽤 슈퍼스타 대접을 받고 있기 때문이다. 한국도 요즘 판다가 인기인데 이곳 일본도 크게 다를 것은 없었다.

사실 전에 일본이 판다를 반환했다는 뉴스를 어디서 주워듣고 '아, 그럼 이제 판다는 없겠구나'라고 생각해서 판다가 없다고 이야기하고 다녔는데 나는 그렇게 거짓말쟁이가 되었다. 2023년 기준으로 일본 도쿄 우에노 동물원에는 총 네 마리의 판다가 살고 있다.

샤오샤오, 레이레이, 신신, 리리. 신신과 리리 사이에서 태어난 것이

샤오샤오와 레이레이. 즉 판다 네 가족이다. 7년쯤 전에 판다를 보러 왔을 때도 줄을 서긴 했지만, 그때는 판다가 동원東圓에 있었던 것 같은데 지금은 서원西圓의 판다의 숲이라는 곳에

모여 있다. 이미 부모에게서 독립한 샤오샤오, 레이레이가 함께 있고 리리와 신신이 함께 있는데 리리와 신신은 분리되어 있다. 원래 짝짓기할 때 말고는 공간을 분리한다고 어디선가 들은 것 같다.

샤오샤오와 레이레이를 보는 대기 줄은 상당히 길어서 예상 대기 시간이 40분이었다. 그래도 기왕 여기까지 온 거 꼭 보고 가야겠다는 오기 반 의지 반으로 꿋꿋이 줄을 섰다. 한국처럼 일본도 판다 열풍이 불고 있는지 판다 굿즈를 잔뜩 단 분이 요란한 카메라를 들고 와서 사진을 막 찍으셨다. 두 판다의 일거수일투족에 인간들이 눈조차도 깜빡이지 않고 집중하는 걸 보아 우에노 동물원의 슈퍼스타는 여기 있는 게 분명하다는 확신이 들었다.

관람 공간은 두 칸으로 나뉘어 있는데 한 곳에서 1분, 나머지 한 곳에서 또 1분. 이렇게 총 2분을 볼 수 있다. 40분을 대기했지만 판다를 볼 수

있는 건 그에 한참 못 미치는 2분뿐이었다. 허무함을 느끼는데 옆에 있는 엄마 신신, 리리는 상대적으로 한가했고 줄 서는 일 없이 바로 볼 수 있었다. 세대교체(?)가 아주 잘 된 케이스 같다.

그리고 예약해 둔 요코하마 랜드마크 타워를 보러 도쿄를 떠나 요코하마로 향했다. 아소뷰라는 사이트에서 예약하면 1,000엔에서 100엔 할인된 900엔에 입장할 수 있다. 예매한 화면을 직원에게 보여준 후, 종이 표를 받아서 들어가야 한다는 게 조금 충격적이었지만 말이다. 대체 이들의 아날로그 사랑은 그 끝이 어디일까.

최대 분속 750m로 올라가는 엘리베이터를 타니 귀가 먹먹해졌지만 금세 69층에 도달했다. 요코하마를 사방으로 구경할 수 있는데 한쪽은 컬래버 이벤트로 스티커가 크게 붙어 있었다. 그게 아쉬워서인지 컬래버가 없을 때 와봐도 좋겠다는 생각이 들었다. 서쪽으로 가서 해 지는 풍경

을 보았다. 요코하마 선셋이라는 이름의 칵테일을 주문해 마시면서 말이다! 유리 창문 위에는 각각 날이 맑으면 볼 수 있는 명소들이 적혀 있다. 물론 후지산도 이름을 올리고 있었다. 가마쿠라나 에노시마도 있었지만, 날이 저물 무렵이어서인지 어두워서 가마쿠라라고 할 만한 특징을 찾아볼 순 없었다.

내부에는 작게 선물 코너도 있다. 중간중간 책장들도 있는데 요코하마가 무대인 책이나 가나가와에 관한 책, 요코하마 출신 인물이 쓴 책 등이 꽂혀 있다. 여기에 『한 달의 요코하마』도 꽂히면 좋겠다는 다소 발칙한 상상을 하면서 잠시 주변을 둘러본 다음, 야경 속으로 걸어 들어가 나도 야경의 일부가 되었다.

우에노 세이요켄 본점 上野精養軒本店

주소 東京都台東区上野公園4-58

영업시간 평일 11:00~15:00, 17:00~21:00, 주말·공휴일 11:00~16:00,
17:00~21:00

정기 휴무 월요일

우에노 동물원 上野動物園

주소 東京都台東区上野公園9-83

운영시간 09:30~17:00

입장료 중학생 이하 무료, 중학생 200엔, 성인 600엔, 65세 이상 300엔

정기 휴무 월요일(월요일이 공휴일이면 운영하고 익일 휴무)

요코하마 랜드마크 타워 横浜ランドマークタワー

주소 横浜市西区みなとみらい2-2-1

운영시간 10:00~21:00(연장 영업할 시 10:00~22:00)

입장료 4세 이상 200엔, 초등생·중학생 500엔, 성인 1,000엔, 65세 이상
·고등학생 800엔

야마시타 공원을 마주한
깜찍한 마린 타워

21일이 귀국일이었는데 21일 오전 비행기를 타야 해서 20일 저녁때쯤 나리타 인근으로 갈 예정이었다. 요코하마와 나리타는 너무 멀어서 21일 새벽 첫차를 타도 나리타 공항에 도착하면 시간이 아슬아슬했기 때문이다. 불안 요소를 없애기 위해 미리 나리타 공항에서 1km가량 떨어진 숙소를 잡아두었다. 즉, 20일 오전이 진짜 요코하마와 안녕하는 날이었다.

그리고 19일에야 일본에 와서 처음으로 하겐다즈를 먹었다. 그동안 절약을 위해 꼭 필요하다고 생각하는 것, 혹은 경험을 책에 적고 싶은 것에만 돈을 쓰고 있었는데 하겐다즈는 인생에서 꼭 필요한 순위에서 가차없이 밀려나 버린 것이다. 오랜만에 먹는 달콤한 아이스크림은 뇌를 잠시 행복하게 해 주었지만 현실이 나를 숨 가쁘게 했다. 돈이 없다. 귀국할 때가 되어 가니 현금이 떨어져 가기 시작한 것이다.

아무리 일본도 카드 사용을 많이 도입했다고 하지만 우리나라처럼 카드 결제가 일상화되지는 않았다. 인터넷으로 '카드 가능'이라고 되어 있어서 간 식당도 현금만 받는다고 현금을 요구했다. 카드를 쓸 수 있는 곳은 한정되어 있었고 절이나 신사 같은 곳에서도 물론 쓸 수 없다.

얼마 남지 않은 현금, 혹은 카드 결제가 가능한 곳. 그 한정된 선택지로 어딜 가야 할지 계속 망설였다. 발음을 조금 조심해야 하는 씨 파라다이스도 선택지 중 하나였고, 이곳은 인터넷 예약이 가능해서 카드 결제도 되었다. 하지만 왕복 교통비가 너무 부담이라 망설이다가 결국 취소했다.

갑자기 돈이 있는데 돈이 없는 외국인 거지가 된 나는 일에 전념하기로 했다. 그러다 저녁에야 슬슬 걸어서 나온 곳은 야마시타 공원 인근에 있는 '마린 타워'였다. 여기도 아소뷰를 통해 미리 표를 예약해 두고 갔는데 아소뷰를 이용한 게 이번이 세 번째여서 서툰 나머지 뭐가 뭔지도 모르고 예약했다. 그리고 그 예약한 표가 '나이트 티켓'이어서 6시부터 입장이 가능했고 말이다. 노을 지는 하늘을 보고 싶었는데 아쉬운 일이었다….

4시 반쯤 찾아갔다가 직원에게 6시에 다시 오라는 안내를 받고 돌아서는데 내 앞에 아카이쿠츠 버스(빨간 구두 버스)가 딱 멈춰 섰다. 정류장이 있었던 것이다. 나는 아직 아카이쿠츠 버스를 타지 못했다는 사실을 떠올렸고, 따로 목적지가 있는 것도 아닌데 버스에 올랐다. 빨간 구두가 나를 어디론가 데려가 주기를 바라면서.

사쿠라기초역을 출발해 우미가미에루오카 공원 앞을 기점으로 다시 사쿠라기초역으로 돌아가는 이 버스는 아카렌가소코, 차이나타운, 모토

마치 등의 요코하마의 주요 명소들을 죽 훑고 간다. 다른 버스와 다른 점이 있다면 정류장과 함께 해당 정류장의 소개가 나온다. 그런 소개문은 모두 요코하마 나카구 출신의 아나운서 와타나베 마리 씨가 녹음한 것이라고 한다. 종점까지 가면 '저 와타나베 마리가 아나운스해 드렸습니다' 같은 문구가 흘러나와서 그것을 알 수 있다.

그렇게 사쿠라기초에 떨구어진 나는 로프웨이를 타고 다시 시내로 돌아오기로 했다. 순수하게 탑승감만을 즐기기 위한 선택이었다. 그동안 도보만을 고집했으니 오늘이 아니면 아카이쿠츠 버스도, 로프웨이도 영영 타지 못할 것 같았다. 4년 사이에 새로 생긴 이 로프웨이는 운행 거리가 5분 정도로 상당히 짧고 이용 요금은 1,000엔이지만 카드 결제가 가능해서 냅다 카드를 긁었다. 제법 빠른 속도로 요코하마 시내를 지나는

데 특별할 것은 없고 그저 평범한 로프 웨이일 뿐이었다. 창문이 다 반사되어 사진을 찍을 수도 없었다.

요코하마의 시내를 가로지르는 로프 웨이라는 점은 무척 매력적이지만 가격이 비싸서 다시 이용하진 않을 것 같다. 무엇보다 나는 내 발로 걸으며 보는 요코하마의 풍경을 무척 사랑하기 때문이다.

로프웨이에서 내려 슬슬 걸어가면 마린 타워까지 20분 거리. 얼추 6시까지 맞춰 갈 수 있을 듯했다. 이미 해가 져버린 야마시타 공원을 지나 마린 타워로 향했다. 그렇게 올라간 마린 타워는 랜드마크 타워처럼 모 유명 소년 만화와 컬래버 중이어서 역시 한 면이 그 만화의 캐릭터로 가득 메워져 있었다. 그 작품의 팬인 듯한 분들이 몰려 있었고 말이다. 오타쿠 아니면 외국인만이 보이는 독특한 경험을 했다.

풍경은 사실 요코하마의 야경이 워낙 아름답기에 다 좋았지만 옆에 있는 호텔 뉴 그랜드에 가려져 미나토미라이 쪽 야경은 잘 보이지 않았다. 사진을 찍어도 잘 찍히지 않고 말이다. 랜드마크 타워 입장료는 1,000엔이고 마린 타워는 1,200엔인데 둘이 가격이 바뀐 게 아닐까 싶을 정도로 난 압도적으로 랜드마크 타워의 전망이 좋았다. 야경을 보기에는 오산바시도 정말 좋은 곳이다.

마린 타워는 도쿄 타워처럼 바닥이 유리로 된 부분이 있어서 올라가
보았다. 간담이 서늘해진다. 마린 타워의 벽면에는 연인끼리, 가족끼리
이름을 새긴 듯한 금속판이 빼곡하게 붙어 있었다. 이것이 추억이겠지.

요코하마 마린 타워 横浜マリンタワー
주소 神奈川県横浜市中区山下町14番地1
운영시간 데이 티켓 10:00~18:00(6월~8월은 10:00~18:55), 나이트 티켓
18:00~22:00(6월~8월은 19:00~22:00)
입장료 데이 티켓 - 초등생·중학생 평일 500엔 주말·공휴일 600엔, 성인
평일 1,000엔 주말·공휴일 1,200엔, 나이트 티켓 - 초등생·중학생 평일
700엔 주말·공휴일 800엔, 성인 평일 1,200엔 주말·공휴일 1,400엔
정기 휴무 연중무휴

함께 보면 소원이 이루어진다는 3탑 전설과
이쓰쿠시마 신사

　요코하마에는 몇 가지 도시 전설이 있는데 그중 유명한 것이 바로 요코하마 3탑 전설이다. 요코하마에는 킹의 탑(가나가와 현청), 퀸의 탑(요코하마 세관), 잭의 탑(요코하마 개항 기념회관)이라는 세 개의 탑이 있는데, 세 탑을 한 번에 보면 소원이 이루어진다는 것이다. 꽤 유명한 전설이라 구글맵에서 '요코하마 삼탑 뷰 포인트'라고 검색하면 바로 나오는데다 해당 뷰 포인트로 가면 표식도 있다. 여기서 보면 세 탑이 한 번에 보인다는 표식이다.

　이 세 탑을 한 번에 볼 수 있는 뷰 포인트는 각각 니혼오도리(시내), 오산바시, 조노하나 파크이다. 조노하나 파크에 있는 곳은 비교적 쉽게 찾을 수 있지만 오산바시는 생각보다 깊게 안으로 들어가야 한다. 니혼오도리 쪽은 그냥 길을 걷다 보면 금방 찾을 수 있다.

　사실 그동안 요코하마에 머무르면서 조노하나 파크, 오산바시 순으로 뷰 포인트를 찾아갔었는데 정작 시내 쪽인 니혼오도리만 아직 뷰 포인트를 못 찾고 있었다. 오늘이 마지막이라는 생각에 필사적으로 찾아가 사진을 찍고 이제 관람차 사진을 찍으러 미리 점찍어 둔 곳으로 향했다.

관람차가 아주 잘 보이는 곳인데 거기서 사진을 찍으면 예쁠 것 같았다. 내가 한 달 동안 요코하마에 머무르며 이용한 방은 '1004호실'이었는데, 오전 10시 4분에 관람차에 달린 전자시계가 10:04처럼 표시된다는 걸 이용해서 그 사진을 찍기로 마음먹은 것이다. 지도를 찍어 보니 22분 거리였는데 다행히 신호등을 거의 안 기다리고 건너서 시간 내에 도착했다. 1분이라도 지나면 망치는 것이기에 전전긍긍했는데 말이다. 어쩌면 이것도 세 탑이 소소하게 소원을 들어준 걸지도 모르겠다.

호텔에 잠시 돌아와 이쓰쿠시마 신사에 가기 위해 준비했다. 이쓰쿠시마 신사는 내가 좋아하는 게임 '금색의 코르다'의 배경으로 추정되는 곳이다. 왜 추정이냐면 게임사에서는 공식적으로 배경이라고 콕 짚어서 언급한 적이 없다. 아무래도 공식적으로 이름을 빌리면 개런티를 내는 등의 문제가 발생하는 게 아닐까? 등장하는 캐릭터 중 하나는 신사의 아들인데 그 신사가 이쓰쿠시마 신사로 추정된다는 게 팬들의 추리다. 참고로 이번이 두 번째 방문이다.

이미 가본 적이 있는 곳이니 다소 긴장을 풀고 가는데 뭔가 이상했다. 자꾸만 지도가 나를 이세자키초 쪽으로 인도하는 것이었다. 분명 전에 갔을 때는 이세자키초 쪽이 아니었는데 말이다! 남묘호렌게쿄에 이어 이번에는 날 또 어디로 인도하려는 건가 일단 가보기로 했다.

동명의 다른 신사가 나왔다. 아무리 봐도 초면이다. 내가 찾는 곳은 모토마치에 있는 이쓰쿠시마 신사다. 구글맵에 다시 모토마치 이쓰쿠시마를 입력했고 그제야 원하던 답을 찾을 수 있었다.

도심 속의 작은 신사, 모토마치 이쓰쿠시마 신사. 동명의 이쓰쿠시마 신사보다 훨씬 작고 아담하지만 이곳의 아기자기한 느낌이 좋다. 이곳에서 액운을 막아 준다는 주황색 부적을 샀다. 금액은 1,000엔. 현금이 얼마 남지 않아 최대한 아끼고 있는 나로서는 꽤 큰 지출이었다. 하지만 게임 캐릭터에게 용하다는 추천을 받은 이상 사지 않을 수 없었다. 나는 언제쯤 덕질로부터 자유로워질 수 있을까. 평생 힘들지 않을까? 그런 자문자답을 하면서 호텔로 돌아왔다. 날은 어느새 제법 쌀쌀해져서 처음 왔을 때는 매일 반팔을 입고 다녔는데 이제는 꼭 뭔가를 걸치지 않으면 벌벌 떨면서 다녀야 하는 기온까지 내려갔다.

하루 일찍 짐을 빼려는데, 호텔 직원분이 내일까지 있으실 수 있는데 가시는 거냐며 물었다. "비행기 시간 때문에 어쩔 수 없어서요"라고 했더니 "그렇군요, 체크아웃되었습니다" 하고 웃어 주었다. 아무래도 내가 외국인이라 그런지 딱딱한 분위기가 아니라 밝은 분위기로 손짓을 더해 가며 말해 주었는데, 그 동작이 참 정겨워 보였다. 또 위치가 마음에 들어서 다음에도 이 호텔을 이용해야겠다고 생각했다.

오후 4시경, 간나이에서 요코하마로

이동했다. 그리고 요코하마에서 나리타 익스프레스를 탔다. 간나이에서 요코하마까지는 IC 카드를 찍고 탔는데 요코하마에서 그대로 나리타 익스프레스를 타서 내릴 때 '태그해야 하지 않나? 어떡해?' 하며 불안했다. 이런 상황을 아무리 검색해도 옳은 답을 알려주는 곳이 없었다.

다행히 나리타 익스프레스에서 내릴 때 IC 카드 요금도 정산이 된다. 나 같은 경우 티켓을 넣고 카드를 동시에 찍으며 나왔다. 정산기에서 미리 부족한 요금을 알아보고 추가 요금을 내니 정말 현금이 달랑 2,000엔밖에 안 남았다. 그 2,000엔 중 1,000엔도 나중에 공항에서 잇푸도라는 일본 라멘 가게에서 아침을 먹으며 써 버리는 바람에 수중에 남은 돈은 정말 달랑 1,000엔뿐이었다. 현금 부족, 자꾸만 오는 비, 추워지는 날씨 등… 여러 난관은 있었지만 그렇게 한 달간의 여정을 잘 마무리 지었다.

모토마치 이쓰쿠시마 신사 元町厳島神社

주소 神奈川県横浜市中区元町5-208

운영시간 24시간

입장료 없음

정기 휴무 연중무휴

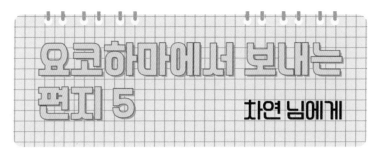

요코하마에서 보내는 편지 5
차연 님에게

차연 님은 X(구 트위터)에서 알게 된 분인데 같은 장르를 좋아하게 되면서 가까워졌다. 실제로 만난 적은 없지만 2~3년간 알고 지내면서 많은 교류를 가진 친숙한 분이다.

차연 님에게

안녕하세요, 차연 님. 지금은 2023년 10월 20일, 귀국을 하루 앞두고 나리타 공항 인근 호텔에서 이 엽서를 씁니다. 아침 일찍 비행기를 타고 가야 해서 급하게 잡은 숙소인데요, 오늘 하루 너무 정신이 없어서 저녁까지 대체 뭐가 어떻게 시간이 흘러갔는지 모르겠어요. 여행하면서 참 좋은 일도 있었고 즐거운 일도 많았어요. 이제 문제는 그 이야기를 잘 담아낼 수 있느냐인데… 빠르게 흘러간 시간만큼 바쁘게 살다 보면 책이 딱 나와 있을 것 같아요. 엽서는 가마쿠라에서 산 건데 슬램덩크의 배경인 가마쿠라코코마에를 사진에 담은 엽서입니다. 저는 오늘 정말 좋아하는 요코하마를 마지막으로 새기기 위해 랜드마크 타워라는 곳에 갔어요. 요코하마의 전경이 보이는 곳에서 다시 한번 이 도시가 좋다는 걸 실감했습니다. 차연 님은 요즘 뭘 좋아하세요? 나중에 시간 되실 때 이야기를 들려주세요.

요코하마로 온 편지

나현 님에게

안녕하세요, 주신 편지와 예쁜 사진들 잘 받았어요. 일본 문화를 좋아하는 것치고는 가본 적이 없어서 미디어의 유명한 풍경들이 아니라 이런 일상 속 자연스러운 풍경을 접할 일이 없었는데 덕분에 즐겁게 감상했어요! 사진들과 말씀 주신 여행 일정을 보니 즐겁게 다녀오신 것 같아서 보는 저까지 기분 좋아지는 거 있죠ㅎㅎ. 나현 님께서 제 이야기를 궁금해하시는 것 같아서 아래에 살짝 적어보려고 해요. 이럴 때 아니면 기회가 적으니까요! 저는 요즘 일을 그만두고 휴식의 시간을 갖고 있어요. 때때로 불안하긴 하지만 너무 조급해하지 않으려고 노력하면서요! 쉬는 동안 일본어 공부도 시작했어요. 관심은 전부터 있었는데 선뜻 배울 생각을 못 하다가 나현 님을 만나면서 혼자 꿈을 키웠거든요. 제가 좋아하는 노래들을 듣고 스스로 이해할 수 있으면 좋겠다! 싶어서요. 아직은 아무것도 모르지만요ㅎㅎ.

나현 님은 요즘 어떻게 지내실까요? SNS로 종종 소식을 듣긴 하지만 그걸로는 조금 아쉬운 감이 있어서요. 가끔 계정을 살펴요. 어디 아프시진 않을까, 많이 바쁘실까 하면서요. 자주 말은 안 해도 언제나 나현 님이 건강하시고 행복하길 바라고 있어요. 하고 싶은 이야기는 많지만 이만 줄여야겠네요. 항상 주시는 선물들, 따스한 말들, 모두 감사하게 생각하고 있어요. 앞으로도 저와 함께해 주시면 기쁠 것 같아요.

2023. 11. 07

차연 올림

※ 차연 님께서 답장을 보내주셔서 허락을 구하고 답장을 함께 싣습니다.

에필로그

다들 일본 한 달 살기를 간다는 나를 부러워했지만, 천성이 소심한 나는 출발 전부디 불안삼과 긴장감을 느꼈다. 내가 사랑하는 요코하마를 글과 사진으로 잘 전달할 수 있을까 하는 걱정 때문이었다. 글을 다 쓴 지금도 내가 요코하마의 매력을 잘 전한 것인지 걱정스러운 마음이다.

꿈 없는 고등학생이었던 나는 '게임 속 이 캐릭터가 무슨 말을 하는지 알고 싶다'라는 생각에 일본어 공부를 시작했고, 열심히 독학한 결과 지금은 번역가라고 불리게 되었다. 나의 인생 게임 금색의 코르다, 그 게임의 배경인 요코하마는 나에게 정말 특별한 곳이다. 요코하마 거리를 그냥 걷거나 그곳에서 뭘 먹기만 해도 좋아하는 것들과 함께하는 기분이 든다.

언제쯤 요코하마에 질리게 될까? 아니, 바다가 있고 따스한 사람이 있고 웃음이 있고 추억이 있는 이 요코하마를 나는 평생 좋아할 것 같다. 이번 한 달 살기를 통해 좋은 인연을 만났고 독특한 경험을 하였으며 그

동안 내가 수없이 보아온 거리에서도 새로움을 발견했다. 한국으로 돌아온 지금, 요코하마에서의 기억을 되짚으며 또 가슴이 울컥한다.

나는 '인연'이라는 걸 믿는다. 내가 월화수목금토일이라는 수많은 요일 중 야마모토 씨가 매주 바를 찾는 요일을 콕 집어서 찾아간 것도 인연, 내가 가마쿠라에서 맛없는 파스타를 먹은 것도 인연, 에노시마에서 계단을 성큼성큼 오르는 나를 보고 '헉' 했던 커플을 만난 것도 인연. 이 인연들을 엮고 엮어 하나의 책으로 내게 된 것 역시 나와 세나북스의 인연으로 생긴 일이다. 소중한 인연들에 다시 한번 진심으로 감사드리는 바다. 나는 정말 축복받은 사람이다.

아마 앞으로도 난 요코하마를 찾을 것이고 또다시 요코하마의 새로운 매력을 발견하겠지. 그런 나처럼 이 책을 읽으신 분들이 요코하마의 매력을 조금이라도 더 알게 되면 좋겠다는 희망으로 이 글을 마무리 짓는다.

2024년 봄

고나현

한 달의 요코하마

나의 아름다운 도시는 언제나 블루

1판 1쇄 인쇄   2024년 3월 11일

1판 1쇄 발행   2024년 3월 20일

지 은 이   고나현

펴 낸 이   최수진

펴 낸 곳   세나북스

출판등록   2015년 2월 10일 제300-2015-10호

주   소   서울시 종로구 통일로 18길 9

홈페이지   http://blog.naver.com/banny74

이 메 일   banny74@naver.com

전화번호   02-737-6290

팩   스   02-6442-5438

I S B N   979-11-93614-01-3 03980